# 同理心驱动下的
# 人性化设计

马素文◎著

U0209624

吉林出版集团股份有限公司
全国百佳图书出版单位

**图书在版编目（CIP）数据**

同理心驱动下的人性化设计 / 马素文著. -- 长春：
吉林出版集团股份有限公司, 2022.11
ISBN 978-7-5731-2786-0

Ⅰ.①同… Ⅱ.①马… Ⅲ.①设计理念 Ⅳ.
①TB21

中国国家版本馆CIP数据核字(2023)第010447号

# 同理心驱动下的人性化设计
TONGLIXIN QUDONGXIA DE RENXINGHUA SHEJI

著　　者　马素文
出 版 人　吴　强
责任编辑　王　博
装帧设计　薪火文化传媒
开　　本　710 mm×1000 mm　1 / 16
印　　张　11.5
字　　数　145 千字
版　　次　2022 年 11 月第 1 版
印　　次　2023 年 4 月第 1 次印刷

出　　版　吉林出版集团股份有限公司
发　　行　吉林音像出版社有限责任公司
　　　　　（吉林省长春市南关区福祉大路5788号）
电　　话　0431-81629667
印　　刷　三河市嵩川印刷有限公司

ISBN 978-7-5731-2786-0　　定　　价　58.00 元

# 前　言

　　设计是一门以人造物为主体,研究设计师、用户和制造者在社会脉络下相互关系的实践性学科。随着现代社会和经济的发展,设计的重心不断发生着转变。与早期机械化大规模生产应用时期不同,随着设计的重要性被不断强调、设计领域的进一步扩大和多学科的融合,设计已经朝着以用户为中心的方向发展。以了解用户的生活方式、情感、行为模式和体验为出发点进行的人性化设计,不仅改变了以设计师为中心的旧有设计模式,也逐渐成为现代设计发展的新方向。

　　中国古代哲学中"仁爱"的思想体现了对他人关心的大爱精神,也是同理心概念的雏形。在当今产品和服务不断细分化的背景下,同理心被引入设计领域,成为人性化设计的新语境。同理心设计帮助设计师建立对用户及其日常生活的创造性理解,去感受和体验用户的生活,从而设计出满足用户需求的产品和服务。

　　本书将以同理心作为推动人性化设计发展的切入点,结合科学技术发展带来的新变化,从多个角度分析同理心在现代设计中的重要作用,定义同理心视域下的人性化设计的概念,界定其外延和内涵,阐述具体设计实践方法和操作指南,并通过大量生动的案例为读者直观展现同理心驱动下人性化设计发展的新面貌。

# 目　录

# 第一章 现代设计的现状与趋势

## 第一节 现代设计的回顾

设计是什么？

人们通常把设计理解为草图、绘画和包装，有些人则把它直接等同于某一种产品——相机、手机、沙发或椅子，但设计的范围比以上理解要广泛得多，经过悉心打造的房间、好用的软件或应用程序、曾在街头收到的调查问卷甚至是为企业打造的业务结构等等都属于设计的结果。为了对设计有更深入的理解，我们需要从不同的角度来看待设计。首先，从字面意义上来看，英文字典中显示设计一词自拉丁语演变而来，由两个词根组成，分别意为"去除、远离"和意为"标记"。该词的另一种来源是意为"关于标记"。英文中设计的含义是："①展示外观、功能或工作原理的计划或图纸；②存在于或被认为存在于一个行为、事实或物质对象背后的目的、计划或意图。"在汉语字典中，"设计"由两个字组成，分别为"设"（布置或安排）和"计"（主意、策略、谋划或打算）。"设计"一词是指："①设下计谋；②根据一定要求，对某项工作预先制订图样、方案。"

从以上的字面含义来看，"设计"既是动词也是名词。在当今流行的观点中，"设计"作为名词似乎比作为动词更有优势。作为名词，设计包含两种含义:一种是策划、计划、意图、目标或目的;另一种是指某一个概念、图纸、形状、草图或蓝图,甚至是设计行为的结果物。作为动词,它也有两种含义:一种是计划、控制、规划或打算;另一种是发明、创造、制造或建造。因此,我们可以说"设计是设计设计的设计"。(如图1-1所示)

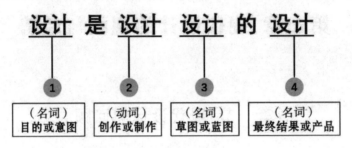

图1-1 设计的定义

事实上,人人都参与过设计。设计是解决生活中各种问题的过程。举个浅显的例子,如果你和朋友完成了某次旅行,那就意味着你是一个优秀的"设计师"。因为在旅行的过程中你们解决了无数的问题,例如"如何规划路线""如何控制预算""怎样安排游览景区的一天",甚至是"几点吃饭"等等。你们利用各种方法来解决这些问题,从选择交通工具、利用电子软件预定酒店或门票、查看游玩攻略来合理规划时间,从而完成一次愉快的旅行。

从广义上来讲,设计是一种设想和计划,设想是目的,计划是过程安排。所有带有某种目的和规划的人类活动都属于设计的范畴。

从狭义上来说,设计是一种创造性的活动,旨在创造兼具实用性和美感的人造物,以改善人类的生活。国外某科学家认为"设计是将现有情况转变为有利情况的行动方针";还有学者将设计定义为"把一种规划、设想、问题解决的方法,通过视觉的方式传达出来的活动过程"。他认为设计的核心包含三个方面:计划、构思的形成、视觉传达方式、计划通过传达之后的具体应用。国外某设计学会创始人认为设计是一种提高生活质量,并能有效满足人类需求的手段。

结合以上的不同观点，我们可以发现，设计创造性地将产品的物理特性与美学考虑结合在一起。它既是作为最终产品的结果，也是创造结果的过程。设计作为一个过程，需要结合技术、市场营销、销售、回收和处理等因素，在产品的商业、非物质和美学价值之间建立微妙的平衡。

既然涉及美学，区分设计和艺术就尤为重要。设计是客观的，艺术是主观的，两者存在明显的区别。

设计是客观的。它是有计划和创新地利用现有知识，以用户需求为出发点，通过个人或团体的创造力、知识和技能创建一个物理或虚拟的元素。优秀的设计师善于解决问题。一个功能优秀但外观丑陋的网站，也比外观漂亮但功能糟糕的网站要好得多。

艺术是主观的。艺术也解决问题，但它以创作者本身的主观需求作为出发点。人们通过自己创造的东西来表达自我，寻求人与人之间的联系，其目的在于传达和接收。艺术家借助艺术作品这一媒介，将自身的感受传达给观众，让别人感受他们的想法。

虽然艺术和设计之间存在明显的区别，但两者并非水火不容。如今，我们判断一个好的设计绝不会将关于表面的艺术或美学作为唯一标准。好的设计应该通过几个因素来判断，比如目标用户群、环境、使用背景、媒体等。在某些极端例子中，美学可能没有那么重要，人们对于某种产品的期待仅仅是为人们的生活提供一种快速、高效的服务，但这绝不意味着设计师应该仅仅满足于解决方案的可行性和有用性而忽视了视觉效果。艺术由制作者有意赋予其高度审美趣味的物品、表演和体验组成，它存在于每一种已知的人类文化中，作为人类文化一部分的设计也不例外。最好的设计师在这两个领域都很出色，他们有逻辑地进行计划和研究，并艺术地制作视觉效果。

现代设计指的是从20世纪早期到中期设计风格的总称。这种风格随着工业化进程的推进而出现，并在20世纪前期真正流行起来。无论是20世纪中期的现代设计（流行于40年代到60年代），还是后现代设计，都是从现代设计演变而来的。现代设计的形成经历了数次的变革。为了更好地理解现代设计，我们将对其发展历程中的几次重要节点进行阐述。

## 一、美学运动

美学是哲学研究的一个分支。它涉及美的本质和审美的表现，换句话说，就是事物的表象。它来源于希腊单词，指的是感官的知觉。由于美学涉及审美，它受到个人主观品位的影响。

1870到1920期间，美学运动（也被称为唯美主义）出现在英国一个知识分子思想流派。19世纪末传播到欧洲和北美，并与文化方式联系在一起，影响了当时的美术、音乐、文学、室内设计、装饰艺术和建筑的风格。在装饰艺术和室内设计中，美学运动有几个反复出现的主题：自然的美丽、东方风格和实用物品的美感。受美学运动的影响，设计的灵感来自日本木刻和东方家具。花、叶、虫、鸟（尤其是孔雀）、蜘蛛网和日出经常出现在家具设计和装饰中。装饰五金、瓷砖、铰链、门把手和壁纸也能很好地体现装饰艺术，重点在于展现实用物品的美。在视觉艺术领域，"为艺术而艺术"的观念影响广泛。但丁·加布里埃尔·罗塞蒂的许多后期作品，脱离了拉斐尔前派绘画那样的文学故事性接合的表现手法，仅仅集中表达肖像中赏心悦目的美。设计师威廉·莫里斯受罗塞蒂的影响，他为家用纺织品、壁纸和家具设计了美丽的纹样，从自然的世界中表达对美的追求。他用鲜活的花朵和藤蔓营造出迷人的植物王国，给人们的家居生活带来强烈的自然气息，其作品散发着永恒的魅力，给人们带来无限的灵感，让人爱不释手。

## 二、未来主义运动

1909年到1930年间出现的未来主义运动，不仅是20世纪初在意大利兴起的一场艺术运动，也是一场社会变革。该运动起源于意大利未来主义诗人菲利波·托马索·马利内特（Filippo Tommaso Marinetti）的《未来主义宣言》。未来主义几乎影响了艺术领域的各个方面，包括绘画、陶瓷、雕塑、平面设计、室内设计、戏剧、电影、文学、音乐和建筑。未来主义崇尚"新"，对古典主义持鲜明的反对态度。未来主义者相信技术的绝对权威，提倡机器、速度、力量和运动。他们认为，20世纪初，意大利和欧洲已经走上了资本主义工业化的道路，机器应当成为艺术的主题，与工业社会相联系的速度、机械和运动之美都是值得称赞的。在艺术作品中，他们经常使用不稳定的构图，点彩的技巧，以及对空间和形式的破碎和重组来表达运动、速度和动态过程的机械感。未来主义影响了20世纪的许多现代艺术运动，这些运动又影响了平面设计的发展。未来主义的著述、哲学思想和美学特征对设计师的影响尤为深远。在未来主义的影响下，平面设计例如书面和印刷的设计通常以罗马数字、排版和重复的图标为特色。早期印刷文字字距和行距较小，负空间较小。未来主义之后，印刷字体设计则变为以极简主义为基调的设计——使用大量的空白或负空间并且加宽了字距和行距。另外，在未来主义的影响下，出现了基于文字和图像结合的独特风格的平面设计，创造出与所述文字的意义相关的图像。在诗歌的版式设计上，传统的审美标准被彻底打破，版式的无政府主义风格给现代平面设计带来了一场新的革命。在法国某诗人1918年的著作中，在一幅与人有关的页面中采用文字组成了一个女性的轮廓图案。某国外文艺理论家认为作家应该通过文学解放自己，从语法的窠臼和旧版式的布局中解放出来，从而达到无拘无束的自由状态。其诗歌的版式设计，文字编排纵横交错，杂乱无章，字体大小不一，将文字与图形进行了结合。

在杂志封面的设计中，未来主义具有以下特征：使用充满活力的颜色、用无衬线字体进行排版、图像多使用抽象的几何形元素。虽然未来主义设计存在时间不长但影响深远，可以说，未来主义的思想颠覆了设计的世界。

## 三、装饰艺术运动

装饰艺术风格起源于法国,是最早的主要国际设计风格之一,1930 年由巴黎传播到国际,装饰艺术的设计风格影响了各个领域,包括建筑和室内设计、工业设计、时装和珠宝,以及视觉艺术,如绘画、图形艺术和电影。

在 20 世纪的头十年里,这种新兴的设计风格不断发展。带有这种风格的新杂志在巴黎各地如雨后春笋般涌现,城市里的艺术展览也开始以装饰艺术为特色。装饰艺术发展的部分原因是法国的民族主义:日益繁荣的外国商品如便宜的德国家具纷纷涌入法国,法国设计师决定发展自己的风格让自己的产品参与竞争。巴黎时装公司、百货公司和服装设计师也不甘示弱,加入这场竞争中。运用丝绸、象牙、乌木等奢华而丰富的材料,以及充满活力、风格化和多彩的图案,法国设计师们开始塑造装饰艺术的标志性风格。到了 20 世纪初,装饰艺术也在法国的建筑上留下了印记。在这种令人难忘的风格下完成的第一个真正的地标性建筑是奥古斯特·佩雷的香榭丽舍剧院。这座剧院是装饰艺术的经典缩影,该建筑外观具有装饰艺术的特点,例如大量的直线、几何图案和形状。在剧院内部,设计师通过各种雕塑、窗帘、绘画和圆顶,构成了装饰艺术的风格。

平面设计是装饰艺术最早影响的领域,例如第一次世界大战前的巴黎服装设计和海报。到了 20 世纪 20 年代,装饰艺术对平面设计的影响已经涉及美国的各个角落,世界著名的时尚杂志的封面都展现了这种新的、大胆的、现代的风格。

装饰艺术的风格直到今天都还影响着现代设计。在新西兰船艇制造商的网页设计中,在排版和标识上都在向装饰艺术风格致敬,这些标识在其网站、页眉和页脚以及社交媒体页面上随处可见。该公司的标志通过 20 世纪 20 年代汽车常见的流线型、空气动力学外观,让我们窥见了100年前装饰艺术风格的影子。

巴黎2024年奥运会的标志设计中,同样采用了装饰艺术设计风格的字体。这种风格在平面设计中多通过连续重复的、几何的、纯粹装饰的线呈现出奢华和现代且具有国际化风格特征。

### 四、包豪斯

包豪斯是1919年在德国魏玛开始的一场极具影响力的艺术和设计运动。包豪斯可以说是20世纪最具影响力的现代主义艺术流派。包豪斯学院是世界上第一所完全为发展设计教育而设立的学院,被称为"欧洲创意中心",是现代主义发展的里程碑。包豪斯为现代设计教育的基本结构和工业设计的基本面貌奠定了基础。包豪斯学院也被称为现代主义设计的摇篮,由德国建筑师沃尔特·格罗皮乌斯创立,被广泛认为是现代主义建筑的先驱之一。包豪斯的字面意思是建筑房屋。它对现代设计、现代主义建筑、艺术、建筑和设计教学产生了深远的影响。1925年,学校迁至德绍,1932年迁至柏林,之后,在纳粹的不断骚扰下,包豪斯最终关闭,大批包豪斯的设计师转战到欧洲和美国。根据学校地址的转移被分为三个时期:魏玛时期、德绍时期和柏林时期。包豪斯运动倡导一种几何、抽象的风格,这种风格强调摒弃情感因素、去除历史痕迹,它的美学继续影响着建筑师、设计师和艺术家。它的设计理念、教学方法以及对艺术、社会和技术之间的关系的讨论,即便在包豪斯学校关闭很久之后,还对美国和欧洲都产生着深远的影响。在包豪斯风格的形成过程中,19世纪和20世纪早期艺术流派起到了重要作用,如工艺美术运动,以及新艺术和它的许多国际分支,包括青年学派和维也纳分离派。所有这些运动都旨在试图消除美术和实用艺术之间的区别,并将创造力和制造业重新结合起来。在早期的浪漫中世纪主义思潮中,包豪斯将自己塑造成一种工匠行会。但到了20世纪20年代中期,转为对艺术和工业设计结合的强调,正是这一点支撑了包豪斯最早期和最重要的成就。该学院也因其卓越的师资而闻名,卓越的教师们随后领导了整个欧洲和美国现代艺术设计的发展。

从平面设计来看，字体是包豪斯在版式设计上的一个著名代表。这种几何和无衬线字体的设计灵感来自几何形状，这成为包豪斯独特的视觉形状的象征。受鲍尔类型铸造厂(一个著名的德国类型铸造厂)的委托，具有支持现代性的特点。关于这种字体最有趣的花边之一是它的用法——这证实了它的实用主义设计。回想一下，包豪斯的设计是为了支持功能而不是形式，追求最终的可用性。该字体直到现在仍沿用在宜家、大众汽车和梅赛德斯-奔驰仪表板图形中。

包豪斯风格的建筑以玻璃、砖石和钢的刚性角度为特点，结合在一起创造出各种图案，并导致一些历史学家认为这些建筑看起来好像没有人类参与创造。这些朴素的美学倾向于功能和大规模生产，并在世界范围内对日常建筑的重新设计产生了影响，这些建筑是去阶级化或等级化的。康涅狄格州的斯蒂尔曼之家是包豪斯风格的美国典范。该建筑建于1951年，其灵感来自包豪斯建筑大师马塞尔·布劳耶的作品《花园中的房子》。

包豪斯设计在家具设计方面做出了许多杰出的贡献。马塞尔·布劳耶的经典B3型椅子是对19世纪客厅经典软垫"俱乐部椅"的革命性尝试，它是弯曲、重叠的不锈钢管的时尚融合，紧致的矩形织物面板就像几何形状飘浮在空间中。这位艺术家自己形容这把椅子是"我最极端的作品……最缺乏艺术性、最具逻辑性、最不'舒适'、最呆板"，但这也是他最具影响力的作品。这把椅子代表了功能设计领域的突破性发展，是20世纪20年代中期最具有包豪斯特征的设计。它重量轻，易于移动，易于批量生产；组件排列清晰，使其结构和用途一目了然。

包豪斯设计在其将近100年的历史中，虽经历了许多逆境，仍然蓬勃发展，直到21世纪，其风格依然影响着新一代的创意和设计师。它对功能性和极简主义的完美融合，让其在设计界保持了常青的生命力。

包豪斯对今天设计学科的影响十分明显。

首先,它引领了"现代"浪潮。在包豪斯兴起之前和期间,设计趋势都是高度装饰和华丽的,包括维多利亚风格、殖民风格和装饰艺术风格。包豪斯以简洁、实用的建筑和家具为目标,彻底改变了当时的设计领域。这些影响贯穿于现代主义建筑,并仍然存在于当今艺术和设计中,特别是斯堪的纳维亚极简主义、中世纪现代设计、公寓建筑和办公空间设计。

其次,它推广了工业材料的应用。包豪斯带动了建筑中玻璃、钢铁和混凝土材料的应用,这些材料已成为现代室内设计的主要材料。在包豪斯之前,这些材料被认为是美学上不讨人喜欢或实用的,包豪斯赋予它们光滑、简单和美丽的新含义。现代建筑中常用到的带状窗户和玻璃幕墙、经常用于装饰办公室的管状椅子(灵感来自包豪斯设计的瓦西里椅子)都是显著的包豪斯风格。

最后,它影响了现代课程教学。包豪斯学校有着独特的教学大纲设计。第一年,学生们开始学习被称为"初级课程"的入门课程,其中包括色彩理论和设计原理等科目。在初级课程之后,学生将继续学习更高级的技术课程,如玻璃制造或家具设计。这种班级结构已经被世界上许多建筑和设计学院采用。还有魏玛时期实行以工作室为单位的"双轨制教学",即每门课程有一名"形式导师"和一名"工作室导师"共同授课。形式导师负责基本内容:绘画、色彩、创意思维等,工作室导师负责技术、工艺和材料科学。在包豪斯的影响下,现代设计教学体系采用了艺术与技术、理论与实践相结合的教育体系。在课程设置上,包豪斯课程主要包括基础课程、工艺课程、专业设计课程、理论课程等。目前,世界各地的设计学校和系都有与包豪斯相关的课程,如平面、素描、色彩、雕塑等。随着包豪斯逐渐形成成熟的教学体系,其课程设置对当今高校具有重要的借鉴意义,为设计专业人才的培养指明了方向。

# 第二节 现代设计的新进程

在20世纪80年代,设计在一定意义上被称为"工业设计",工业设计囊括了多方面的内容。如在英国,工业设计指一系列的设计活动,其中包括染织和服装设计,装潢设计,陶瓷、玻璃器皿设计,家具和家庭其他用品设计,室内陈设和装饰设计,以及机械工程产品设计等。在法国,工业设计初始时代称为"工业艺术",后来才对工业设计进行细化,它包括产品设计、产品包装、产品造型以及与城市、社会的视觉传达和环境保护等有关的设计内容。日本的工业设计中还包括园林设计、城市规划之类的内容。随着现代设计的发展和学科建设的完善,因工业设计包括其他方面的内容而带来许多的不确定性,难以准确界定不同专业的联系与区别,按照设计的类型可以分为现代建筑设计、室内与环境设计、产品设计、平面设计、织品与服饰设计五大类。按照设计目的可分为视觉传达设计(以传达为目的的设计)、产品设计(以使用为目的的设计)和环境设计(以居住为目的的设计)三大类型。具体细节见表1-1。

表1-1　按设计目的进行的设计分类

| 维度 | 横向分类 | | | 纵向分类 |
|---|---|---|---|---|
| | 视觉传达设计 | 产品设计 | 环境设计 | |
| 二维平面设计 | 字体设计、标志设计、插图设计、编排设计(书籍装帧、海报、报刊、册页、贺卡、影视平面设计) | 纺织品设计<br>壁纸设计 | | 功能性和非功能性设计 |
| 三维立体设计 | 包装设计、展示设计 | 手工艺设计、工业设计(家居、服饰、交通工具、日用品、家用电器、智能产品、机械用品) | 城市规划、建筑设计、室内设计、室外设计(景观、园林)、公共艺术设计 | |

| 维度 | 横向分类 | | | 纵向分类 |
|------|----------|---|---|----------|
| 四维设计 | 舞台设计<br>影视设计(影视节目、广告、动漫) | | | |

设计最初是一门手艺,主要专注于创造具有优美外观的物体,现已发展成为工业中的一股强大力量。今天,设计已经远远超越了它最初作为一种手艺的简单目的,扩展到了生活的方方面面。它从一种单纯的技术变为让人们与世界互动的强用户体验媒介。现代设计已经成为复杂的社会组织活动,除了形式之外,还包含功能、制造、应用以及工具等内容,如表1-2所示。

表1-2 现代设计的内容

| 现代设计的内容 | 元素 |
|----------------|------|
| 形式 | 形状、色彩、材质、流行、意义…… |
| 功能 | 使用、目的、人机工程、环境、生活方式…… |
| 制造 | 材料、制造过程、技术、耐用度、可靠性…… |
| 应用 | 价格、可用性、定位、同类产品竞争…… |
| 工具 | 美学、装饰、交互、人机工程学、符号学、工程学、经济学、文化因素、策略设计…… |

此外,现代设计也已经演变成一种思维方式,一种挖掘需求的手段,一种改善个人生活、提高劳动力经验、改善生存环境的工具。现代设计包括思考和计划,使人造物能够被制造、使用,最终被丢弃。设计师在产品和人之间的交流以及当今越来越流行的数字和人的互动中,遵循人文主义的传统。现代设计包含五个重要因素:功能、美学、远程身份、文化和伦理关系。它与八类利益群体紧密关联:设计推广、设计应用、用户、设计师、一般公众、设计教育、设计团体和跨国相关方,如图1-2所示。

随着计算、传感器、通信和显示等科学技术的进步,以及人们开始日益认识到现代技术对社会和环境的巨大影响,技术在人们生活中的

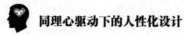 

作用发生迅速的变化。

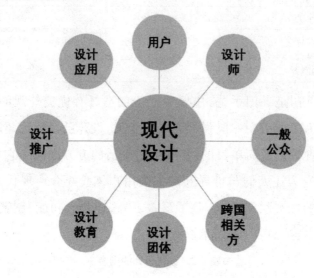

图1-2　现代设计的相关方

　　在设计的新的发展趋势下,出现了两种截然不同的研究方向:一种是延续了原有的以工艺和技术的打磨为方向的传统方向,通过展现更精湛的设计技巧为人们提供产品的情感体验;而另一种则是将设计思维带入设计实践中。下面将从现代设计内涵的新变化和现代设计的新类别两个方面对现代设计发展的特点进行阐述:

## 一、现代设计内涵的新变化

### (一)设计是一种进程

　　设计是对新事物的概念化和创造:一个想法或互动、信息、物体、字体、书籍、海报、产品、场所、标志、系统、服务、家具、网站……而设计师代表着想象创造和思考研究。设计师在一个或多个学科中,发挥专长,与他人协作,让天马行空的想法成真。因此,设计师这门职业不仅仅是一份工作,还是一种观察的方式,一种与世界产生互动的方式,更是一种生活方式。在过去的20年里,设计向新的方向不断发展,引领着年轻的从业者,激发着新颖的商业模式,吸引着全世界的目光。

**（二）设计是一门复杂的专业**

设计的独特之处在于它涵盖了所有形式的知识和技能。例如：工业设计师必须了解产业链的全过程，包括各种材料和多种制造方法；服务设计者必须了解人们在接收或提供服务时所经历的整个活动过程（用户的行动流程），以及隐藏在视线之外的许多不同的基础设施层。因此，设计师都必须与不同领域的主题专家、程序员和工程师、市场和销售人员以及提供客户支持的团队合作。从这个角度来说，设计已经成为一门重要且复杂的专业。

**（三）设计是基于实证的学科**

传统的设计是基于工艺技术的。这些设计品是由设计师经年累月的直觉引导的，可以被任何有鉴赏力的观众欣赏。只要设计的是相对简单的东西，比如手表、家用电器和家具，这种方法就能奏效。但如今随着计算机、通信网络、强大的传感器和显示器的引入，连我们最常见的日常设备都变得越来越复杂。我们需要一种新的设计形式来处理这些新的问题，设计师如果只遵循以往的凭直觉为主而开展设计是无法应对的。现代设计必须以技术知识为依据，并对普通人的局限性和能力进行评估，让使用和掌握这些设备变得简单易行。设计师的职责是通过设计手段，让人们忽视那些隐藏在设计品之下的复杂流程或技术，将注意力放在简单的操作方式上，让复杂的设备变得易于理解和使用。这是传统的设计无法胜任的工作。

要想提供化繁为简的解决方案，就需要设计之外的开发，也就是我们今天常常提起的"交互设计""体验设计"或"人机交互"。它们主要来自心理学、人类因素、人机工程学和计算机科学等学科，早在20世纪40～70年代就得到了发展，到了20世纪80年代，随着计算机开始进入研究界，才逐渐进入日常生活。

## 二、现代设计的新类别

为了深入理解现代设计的变化和发展,下文将通过介绍几种现代兴起的设计门类,并融合相关实践案例进行详细解读。

### (一)交互设计

交互设计是一个设计实践转变的代表。交互设计的常见主题包括设计、人机交互和软件开发。从这一角度而言,交互设计的目的是通过类似点击、滑动等简单的操作,创建一个易于使用的产品或服务。

简单地说,交互设计是促进用户和数字产品(如网站和应用程序)之间交互的设计。有的交互只涉及设计本身,但是更多的交互涉及更广的范围,包括帮助用户实现其目标的相关元素,如美学、运动、声音、空间等。交互设计定义了交互系统的结构和行为。

在前文中提到,艺术与设计的区别。艺术家和设计师之间同样有着微妙的差异。艺术家使用帆布、黏土或金属物体来创造作品,表达某一种主张或独特的观点。设计则是一个在接受、拒绝、理解或困惑等各种情绪中不断发展的过程。艺术家通常无须对观众负有责任,许多艺术家的创作皆出于个人爱好或觉得他们必须这样做。在一件艺术作品中,意义表达的清晰程度与其说与主要思想有关,不如说与情感反应的强度有关。观众可能无法解读艺术作品传达的信息,但观众可以在不理解作品内容的情况下形成自己的观点和反应。

相比之下,设计师的任务则是困难重重。他们要同时处理功能、语言和意义。设计师必须使用视觉和语言来创造和表达一个设计,不仅要让观众得到特定的情感体验,而且能让观众真正理解内容。这种理解的过程与文化密切相关,不能局限于特定的时间点。观者即用户必须能够识别设计者的意图,并接受其设计语言所反映的文化。设计师创造的不是语言的使用方式,而是语言本身。设计是语言的一种表达方式,它在形式和内容上的语法特征是通过语境和用法来体现的。诗人会选取一个主题,然后通过人物塑造、时间的流逝和语言艺术的运用,使读者生动地理解这个主题。就像诗人一样,产品设计师在他(或她)的脑海中创造一个对象,然后使用它的形状、重量、颜色和材料,让观众理解他(或她)的最终产品在特定的环境中意味着什么。交互设计师考虑得更周全,他们使用语言和形式技术来构建引人注目的想法,并让观众参与到关于这些想法的对话和交流中。交互设计师的工作随着时间的推移而发展,观众对其意图的全面理解是完成的最终标志。以往的设计实践往往没有认识到用户的重要性,只有用户充分理解了交互设计作品的内涵,充分感受到其中蕴含的情感特征,才能使作品走出无知,达到自身的完美。如果用户永远无法理解和感受设计,那么设计是无用的。交互设计是一个通过满足用户需求来实现自身价值的职业。

卡内基梅隆大学设计学院的约翰·齐默尔曼、雪莉·埃文斯和乔迪·福尔利齐发表了关于交互设计过程中发现和学习知识的过程框架。

该框架由六个有序的核心组件组成,它们是:定义、发现、综合、构建、细化和反思。每个组件都建立在前一个的基础上,都包含一组特定的技术和工具。但该框架主要针对一般的设计过程,在商业设计的具体实践中很难真正地被完成。交互设计师通常使用人种学(民族志)的研究方法,他们试图理解"人们做什么"和"人们为什么要做"这两个问题。第一个问题很容易理解,但确定第二个问题的答案是极其困难和耗时的,因为人们往往很难解释自身为什么要做他们正在做的事情,而从旁观者的角度来看,会认为他们的行为不合逻辑。通过这种方式,如果研究结果要转化为有价值的设计标准,从收集的数据中探索意义的解释过程是非常重要的。这是与传统的市场研究不同的地方。

1.交互设计的五个维度。交互设计的五大维度分别为:文字、视觉呈现、物理对象或空间、时间和行为。

维度一:文字。文字涵盖了与用户的直接交流。这是通过传达清晰和简明的有用信息来实现的。

维度二：视觉呈现。视觉呈现包括界面设计的元素，例如图像、排版和图标等。这些是对语言交流的有效补充。

维度三：物理对象或空间。物理对象或空间通常指用户与之交互的平台。这是指用以实现交互的设备（例如智能手机或笔记本电脑）或环境（环境可以根据用户所在的位置而变化）。

维度四：时间。这里的时间指的是用于衡量用户通过各种形式与界面互动的时间，或者他们通过互动所取得的进度。

维度五：行为。行为这一维度产生于前面四个维度的基础之上，指的是用户对产品响应的方式。研究用户的不同使用行为可以让设计师创造出更好的交互。

2.交互设计流程。交互设计师创造设计策略，并通过该策略来实现产品或服务与其用户之间的交互。他们的工作包括定义交互、创建原型、跟踪可能对用户产生有利或有害影响的最新设计趋势，等等。

交互设计师在设计时必须牢记六类问题。

第一类：定义用户与界面交互的方式。

第二类：采取行动之前，提供有关用户行为的线索。

第三类：预测并减少错误。

第四类：考虑系统反馈和响应的时间。

第五类：全方位地考虑每一个交互的元素。

第六类：简化操作，提高易用性。

确定好问题种类后，交互设计师需要再根据产品或服务的目标制订设计策略。为了确定正确的策略，交互设计师需要进行用户研究，即了解用户使用产品的目标是什么的关键问题。

3.交互设计原则。对于那些在产品、设备和用户之间创建复杂交互的设计师来说，交互设计原则是最重要的指导方针，具体原则如图1-3所示。

图1-3 交互设计的原则

原则一：可见性。好的交互设计为用户提供了合适的、容易读取的信息。这些信息需要以尽可能简单的方式向用户传达产品或服务是什么，以及应该如何使用这些产品或者服务。如果一个功能不能为用户所发现，那么这个功能肯定会给用户造成很多困扰。举一个生活中比较典型的例子：现在很多电视或者投屏经常很难找到它的物理开关，尤其对于新颖的产品而言。诺曼将可见性描述为："可以确定哪些操作是可行的以及设备的当前状态。"

原则二：一致性。在创建一个交互界面时一定会涉及一致性的原则。该界面内的相关操作方式和应用等元素都应该保持一致性和延续性。这样可以帮助用户识别并进行操作，减少用户出错的机会。例如，鼠标单击的设计需要保持一致，在此界面中，总是通过左键来选择某一个项目，而单击右键总是用于调取菜单。

原则三：反馈性。每当用户与数字产品的界面进行交互时，系统需要对用户的操作做出反应（例如发出声音、出现动画等），表明该操作已完成，这就被称之为反馈。明确的反馈能及时为用户和产品提供一个信号，表明该产品或服务正在运行，用户正在进入下一步操作中。诺曼将反馈描述为"一种让你知道系统正在处理你的请求的方式"。

反馈必须是即时的、信息丰富的、有计划的(以一种不唐突的方式)。

原则四:约束性。如果说反馈是产品或服务给用户为当前正在发生的事情提供的信号,那么约束则为用户提供了一系列交互可能性的限制。约束性使界面更加简化,通过必要的、简化的选项引导用户以适当的方式进行下一步。例如,页脚的提示就是一个约束,它告知用户已经到达页面的末尾,不能再向下滚动了。

原则五:可预测性。良好的交互设计应该在交互发生之前对将要发生的事情设定准确的预期。我们应该能够向人们展示一个界面,并在他们互动之前询问你可以在这里做什么?你可以在哪里与它互动?如果你这样做会发生什么?结果是什么?我们通过演示可以做什么(如动画、视频或覆盖)或描述可以做什么(如提供示例或说明)来设置情境和期望。

4.交互设计案例分析。

(1)界面中的交互设计:酷俱乐部是一个互动网站,有很多诱人的微互动。单击主页上的卡片框,可以亲自尝试一种新的卡片游戏。当鼠标每点击一下屏幕上的卡片盒,就会获得一张不同主题的扑克牌。这个网站通过一系列有趣的悬停效果以及许多可爱的舞蹈动物动画吸引用户来使用。当网站推出具有特色的产品时,会采用与主题相关的背景和声效开启新的交互(例如新推出的星球大战主题)。

(2)产品中的交互设计:连帽衫灯。这个灯的开关方式的交互是设计的核心部分。灯的外观是一个穿着连帽衫的人的形象,通过轻轻按下灯的"头",来控制灯的开关。3D打印的灯泡环沿着三个螺栓滑动,在灯泡下降之前,利用弹簧将灯泡拉回其最大高度。塑料球灯罩起到隔离效果。灯罩的设计采用了穿脱连帽衫的方式,用来调暗灯光,以此达到人与产品的情感交互,如图1-4所示。

图1-4 连帽衫灯

（3）建筑中的交互设计：从媒体外观到日益无缝的界面，数字技术正在改变我们的文化和都市。2015年，新的数字技术和互联数据正在让城市变得更加开放、高效和具有吸引力。在这一过程中，数字技术也改变了我们在公共空间的行为和相互交流的方式。这里举一个洛杉矶一栋公寓楼的交互设计案例。该大楼入口通道上嵌入红色发光二极管灯制造出发光区域，当人在人行道的网格上行走时，被踩到的格子会变成红色，同时，互动设备便被触发，不仅位于建筑立面上的八层发光二极管面板网格上将镜像显示出相应的图案，面向大楼的摄像机还将建筑立面和地面的图像传输到大厅的等离子屏幕上，进入室内的人们就可以看到他们的步法在室外产生的效果。这是一个利用电子追踪技术将交互应用到建筑设计中的生动案例。

图1-5 EnterActive走廊交互设计

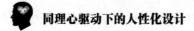

**（二）用户体验设计**

用户体验是指用户与产品或服务之间各种交互的总称。用户体验设计要考虑塑造用户体验的每一个元素，例如设计如何给用户带来不同的感受等等内容。这可能是某种产品在使用中为用户带来的感觉，或者某种服务为用户提供的使用评价等等。用户体验的范围包括用户、服务和产品交互的方方面面。用户体验设计结合了心理学、人类学、社会学、计算机科学、平面设计、工业设计和认知科学等各个领域的知识。根据产品的用途，用户体验也可能涉及内容设计学科，如交流设计、教学设计或游戏设计。用户体验设计的目标是在用户和产品(无论是硬件还是软件)之间创建无缝的、简单的、有用的交互。与交互设计一样，用户体验设计关注于创建交互。用户体验设计的目标是为用户创造简单、高效、相关、全方位的愉悦体验。

用户体验设计师结合市场研究、产品开发、策略和设计，为产品、服务和流程创造无缝的用户体验。他们在客户和公司之间架起一座桥梁，帮助公司更好地满足客户的需求和期望。

如图1-6所示，用户体验设计与交互设计有一定的区别。用户体验专注于用户解决问题的过程，例如在界面设计中关注的是产品表面的外观和功能。虽然交互设计和体验设计都与用户的体验息息相关，但用户体验设计涉及的领域更广泛，将交互设计包含在内。从广义上讲，用户体验设计涉及产品的更大层面，而交互设计则侧重于人们如何通过界面与产品进行交互。

用户体验设计无处不在：从超市的布局、车辆的人体工程学到移动智能设备应用的可用性。

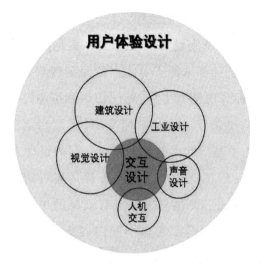

**图1-6 用户体验设计与交互设计的关系图**

早期的用户体验设计主要是为了在生产过程中提高劳动效率而产生的。人们通过对工人及其工具之间的互动进行广泛的研究,改善工具的设计,从而节约劳动时间,扩大生产,增加产品的利润。

一个成功的用户体验设计是,通过设计人们与产品的接触变得更安全、更舒适、更高效。用户体验设计这个术语,涵盖了个人对系统体验的所有方面,包括工业设计、图形、界面、物理交互和手册。随着人类对更优化、更舒适的生活环境的追求,当今用户体验设计的应用范围已经扩大到应用程序、网站、软件、小工具和技术中。

1.用户体验设计的领域。用户体验设计主要包含四个领域的内容:体验规划,交互设计,用户研究和信息框架。

(1)体验规划:服务终端用户不是用户体验设计的全部目标,为提供产品或服务的企业带来利润和价值也是用户体验设计的重要方向。体验规划是指通过制订一系列整体的商业策略,将用户和企业的需求进行协调和平衡。

(2)交互设计:交互设计的重点在于利用交互元素(按钮、页面转换和动画等)帮助用户实现更加直观、简易和有效的人机交互,以便用

— 21 —

户能够高效地完成目标任务的操作。

（3）用户研究：识别问题和开发解决方案是用户体验的前提和重要方向，这一切的基础都来源于对用户的深刻理解。用户体验设计师需要以用户为目标开展调查工作，利用访谈和可用性测试等数据的收集，挖掘终端用户的需求。在用户研究中，定性和定量的方法都会被用到，最终都是为了基于此类的数据做出良好的设计方案。

（4）信息框架：信息框架是指利用有意义和可访问的方式组织信息和内容的实践模式。有信息框架能有效帮助用户在产品中进行浏览和使用。信息架构师需要考虑不同内容集之间的关系，在框架之下，保持信息的高度一致性。

这四个领域都包含一整套的子学科。因此，用户体验设计是一个复杂的多学科领域，它吸收了来自认知科学和心理学、计算机科学、通信设计、可用性工程等诸多方面的知识元素。

2.用户体验的原则。在开展用户体验设计的过程中，我们需要注意以下几个原则：①产品可用性原则。该产品是否合乎逻辑且易于使用？②用户问题的解决原则。该产品或服务是否解决了现有的用户问题？③产品适用性原则。该产品或服务是否适用于不同类别的用户？④产品满意度原则。该产品或服务是否令用户满意？用户是否愿意重复进行体验？

一个好的用户体验应该包含以下三个层次，从图1-7中的用户体验金字塔中得以体现：①易用。设计符合用户的习惯与需求，用最少的努力发挥最大的能效。②美观。设计的功能达到目的后，通过视觉上比例、构图的美观设计，将重要信息放在适当的位置，提升用户体验。③愉悦。将用户体验提升到另一个层次，不论是文案、插图、细微动画，都要让用户惊喜、感到开心。

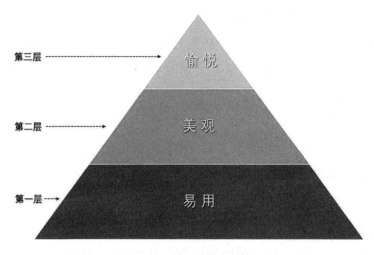

图1-7　用户体验金字塔

3.用户体验的要素。用户体验的要素包含五个层次,分别为:表现层、框架层、结构层、范围层和战略层。

(1)表现层。表现层是直观看到一个页面时的组成判断。一个页面由图片和文字组成。有些图片和文字是可点击的,从而可以执行对应的某些功能;有些是不可点击的,仅仅就只是图片和文字而已,用来展示或者营销用。但是每一个设计都会对体验产生重要的影响。

(2)框架层。在产品的表现层下,就蕴藏着产品的框架层:按钮、控件、照片、文本区域的位置。框架层是用于优化设计布局的,以达到各个元素的最大效果与效率。比如你在使用某个电子软件时,可以轻而易举找到你想要找到的某个功能,这种布局就是框架层决定的。框架层包含信息设计、界面设计和导航设计三个部分。无论是功能产品还是信息产品,我们都必须完成信息设计(一种促进理解的信息表达方式)。对于功能性产品,框架层还包括界面设计或安排界面元素,使用户能够与系统功能交互。对于信息产品,这个界面是导航设计,屏幕上的一些元素的组合允许用户浏览信息架构。

(3)结构层。结构层相对于框架层是更加抽象的,框架仅仅是结构的表达。框架层确定了在各个页面交互元素的位置,结构层则设计用户如何到达某个页面,并且要考虑他们完成某个操作之后能够去哪里。框架层决定了导航栏各个功能的排列方式,允许用户来浏览页面的各个模块;结构层则决定这些类别的功能应该出现在哪里。在功能性产品方面,结构层将转到交互设计的范围。在交互设计中,我们可以定义系统如何响应用户请求。在信息产品方面,结构层是信息架构,合理安排内容元素,促进人类对信息的理解。

(4)范围层。结构层确定页面各种特性和功能最适合的组合方式,而这些特性和功能就构成了产品的范围层。比如电商应用提供了一个功能,这个功能(包括任何一个功能点)是否应该成为应用的功能之一,这就属于范围层要解决的问题。范围层中,功能型产品就转变成创建功能规格:对产品的功能组合的详细描述。而在信息型产品的一侧,范围则是以内容需求的形式出现,即对各种内容元素要求的详细描述。

(5)战略层。产品的范围层,基本上是由产品的战略层决定的。这些战略不仅仅是经营者想要得到什么,还包括了产品的目标用户想要得到什么。就电商公司而言,经营者想要通过产品页面售卖商品,用户想要从该页面上购买商品。而对于另外一些目标(如用户在一些商业页面中填写的个人信息),则没有那么容易说得清楚。无论是功能产品还是信息产品,战略层面关注的内容都是相同的。来自企业外部的用户需求是网站的目标,尤其是那些将使用产品的用户。我们必须了解这些用户想要得到什么,他们想要实现的这些目标,以及如何实现他们期望的其他目标。

4.用户体验设计的应用范围。随着科技产业的发展,用户体验设计领域变得越来越多样化。用户体验设计师会发现自己在不同的环境下处理各种各样的项目。以下是用户体验设计的一些应用。

(1)网站、应用程序和软件设计:在互联网和智能手机时代,一个网站、移动应用程序或软件的可用性将在很大程度上决定它在市场上的成功。用户体验设计师负责确保用户顺畅地在线体验。从电子商务网站到各种应用程序,从软件到基于全球广域网的电子邮件客户端,每一个在线软件的使用流程都是由用户体验专业人士精心设计的。

(2)声音设计:语音用户界面正在彻底改变我们与技术交互的方式。超过一半的成年人每天都在使用语音搜索,在未来,50%的搜索都将是基于语音的。声音设计是在两端进行的,用户发出激活命令,随后设备发出响应,再到用户对该响应的反馈。与传统的以视觉为主的界面相比,声音界面设计是由用户引导界面,而不是由界面引导用户。例如在一个以视觉交互为主的电子软件中,所有的图形和文字都是预先设定好的,每个功能都有用户流程,每个按钮的功能都是预先设定好的,用户只需要遵循视觉线索,从现有的框架中进行选择就可以实现目标。在声音引导的界面中,用户无须根据既有路线进行操作。虽然所有的功能(提示、响应、脚本)都是由声音设计师预先设定的,包括用户可能说出的意图和话语都已经预先存储好了,但用户打开指令的方式更灵活,由用户引导和触发每一步的交互。用户体验设计师在声音的崛起中扮演着重要的角色。

(3)虚拟现实和增强现实:虚拟现实是利用计算机科学和行为界面在虚拟世界中模拟三维现实的科学技术领域,让机器与人之间产生交互行为,允许一个或多个用户通过感知运动通道以一种伪自然的方式沉浸其中。增强现实的目标是通过添加与真实环境相关的数字信息来丰富人们对真实环境的感知和认知。有些信息通常是视觉的,有些是听觉的,还有一小部分是触觉的。在大多数辅助性虚拟应用中,用户通过眼镜、耳机、视频投影仪,甚至手机或平板电脑都可以可视化合成图像。到2024年,全球市场的价值预计将达到447亿美元左右,用户体验设计师将需要设计越来越多的沉浸式体验。同样地增强现实也逐渐成为主流,越来越多的用户体验设计师将开始学习相关的知识。

4.用户体验设计案例分析。

该应用程序的亮点是将在线购物网站与烹饪查询功能进行整合，用户可以在搜索食谱的同时完成相应食材的购买，从而满足烹饪不同菜肴的需求。本案例将整个用户体验设计过程通过简洁明了、通俗易懂的形式展现出来。整个应用界面采用以绿色为主基调的简约风格，通过图文结合的形式，将菜谱中的烹饪时间、食材的种类和数量、菜谱中所有食材的营养成分、卡路里含量等等内容合理安排在页面中。所有食材都可通过简单的点击操作直接在相对应的购物网站中进行在线购买，从而为用户烹饪的需求提供一站式的解决方案。该设计通过产品个性化、挑战和解决方案、动画交互和其他界面细节给客户带来了良好的用户体验。

"重力毯"——睡眠类产品网站设计

这个充满创意的插图式的网站，主要介绍和销售一种加重设计的毛毯。毛毯帮助用户获得良好的夜间睡眠，迈出健康和更好生活的第一步。网站以亲切的方式进行展示，向客户传达具有优质材料的毛毯对于睡眠的辅助作用。网站采用特殊的立体图分层展现了毯子的内部结构，给人留下深刻的印象。同时，以拟人化的安睡中的月亮和柔和的浅橙色为主调打造该产品，给人留下可靠、健康、高品质以及平静的印象。

### （三）服务设计

服务设计是计划和组织企业资源（人员、道具和流程）的活动，目的是：①直接提高员工的体验；②间接提高客户的体验。服务设计是另一个设计实践向其他领域转变的代表，因为服务不是一种物理对象（例如某一个产品），它们是与人和系统的交互。服务的内容涉及心理和商业，而不是材料、形状和形式。它需要一套不同的知识来支持设计过程，也需要一种正式的测试方法来进行可行性的评估。事实上，服务设计起源于营销和管理，而不是设计，只是后来才迁移到设计领域中。

　　用户体验设计不仅仅适用于有形的物体和数字产品,体验也需要设计,这就是服务设计的用武之地。服务设计是一种活动,旨在计划和组织服务的人员、基础设施、沟通和材料组成部分,以提高服务质量以及服务提供者与客户之间的互动。服务设计可以作为一种通知现有服务变更或完全创建新服务的方式。

　　无论你是买咖啡、住酒店还是乘坐公共交通,你的体验都是服务设计的结果,而服务设计的方法论与经典的用户体验设计非常相似。"服务设计从客户的角度建立服务,其目的是确保服务得以实现。"从用户的角度来看,它包括有用性、可用性和易用性;从服务提供商的角度来看,它包括有效性、效率和差异性。从产品和界面设计的角度来看,服务设计将成熟和创新的设计方法应用于服务,尤其是从界面设计的互动和体验方面;简而言之,服务设计就是将设计理念融入服务规划和流程本身,从而提高服务质量,改善消费者的使用体验。服务设计是通过服务规划、产品设计、视觉设计和环境设计来提高服务的易用性、满意度、忠诚度和效率。它还包括服务提供人员,为用户提供更好的体验,为服务提供者和服务接受者创造共同价值。

　　服务设计大致可分为"商业服务设计"和"非商业服务设计"。商业服务设计可分为"实体产品的服务设计"和"非实体服务设计"(如为银行设计新的金融服务)。在服务经济时代,产品和服务已经融合。服务设计是一个系统的解决方案,包括服务模式、商业模式、产品平台和交互界面的集成设计。

　　服务设计的目标是设计易于使用、令人满意、高效有效的服务,为用户提供更好的体验。因此,服务设计应该从用户出发,以用户为中心,满足用户的需求。目前,服务设计主要在计算机技术、通信和工业设计领域产生和发展。理论、方法和工具也与这些领域相关。由于服务本身的复杂性和服务设计的跨学科性,人们还没有建立一个完整、系统的理论和方法体系来理解和分析服务设计。与物质产品不同,服务总是存在于提供和使用的过程中。服务设计不能孤立存在,它始终存在于服务开发、管理、运营和市场中。如今,手机的通信功能逐渐减弱,提供更加多样化、便捷的服务变得更加重要。因此,我们需要服务设计。从根本上说,服务设计是对人性化设计的研究,需要挖掘人们的潜在需求。服务是即时发生的,人们在某个时间点参与到该过程中。服务设计为不同的适用群体设计不同的参与切入点,由于人本身就是最多变的,因此很难形成一个适用于全世界的严格标准。从这个角度来看,服务设计是无法直接套用的。

服务设计是一种跨学科的实践,它侧重于在客户体验过程的整体背景下服务中的接触点。在设计这些接触点时,我们致力于创造条件,创造积极的服务体验。服务是出售使用权,而不是像产品那样的所有权转让。服务经济的发展意味着产品的非物质化,减少浪费,形成可持续发展体系。从根本上说,服务设计本身就是一种创新,而基于非物质的设计则是绿色和低碳。设计、计算机技术、管理和营销的理论和方法被系统地应用于服务的创造、定义和规划。服务设计是根据用户需求,采用创造性、以人为本和用户参与的方法,确定服务提供方式和内容的过程。

1.服务设计的原则。服务设计遵从以下六个原则:以人为中心、协作、迭代、有序、真实、整体。

(1)以人为中心:以人为中心的设计理念在产品设计、交互设计等领域已经得到了广泛的应用,服务设计当然也没有例外,以人为中心就是要站在用户的角度上看待和思考问题,考虑所有被服务影响的人。围绕消费者的需求开展设计服务,我们需要了解消费者如何体验这些服务。通过问他们一些问题,比如他们对使用服务的感觉如何,他们的期望是什么,哪些方面你可以做得更好?用户希望我们改变什么?答案会展示消费者想要什么,从而引导我们对服务进行改进。

（2）协作：服务设计不仅仅是对单个产品的设计，它在流程中涉及不同的群体，因此只有充分考虑不同的需求，将其协调进服务的各个环节中，发现看待问题的不同角度，使服务在解决用户需求问题的情况下各方群体都能通力合作。所有利益相关方都应该参与服务设计过程，如果不让用户参与流程的每个步骤，包括设计、生产和开发，就无法共同创造价值。当与利益相关方合作时，每个人都有机会分享他们对特定服务的经验和观点。例如，如果一家餐厅正在为顾客开发一个新的应用程序，他们应该让开发团队、社交团队和顾客代表参与进来，以便了解顾客通常要求什么。这意味着所有利益相关方都将感受到自身价值，并从本质上为企业创造更好的服务。

（3）迭代：迭代是指基于反馈信息之下对服务进行优化的循环过程，其作用是让产品或者服务更好。服务设计的迭代是为了在实践中发现问题，在这些问题的基础上对服务进行不断完善。及时收集使用过程中的各种反馈和问题，是打造完善的服务设计的重要环节。

（4）有序：服务设计应该是一系列相互关联的活动。只有精确控制服务各个环节的节奏，按照一定的顺序进行，才能让用户得到更愉快的体验。服务设计思维将客户旅程分解为单一接触点和服务交互，当这些结合在一起时构成了服务。每个客户都遵循三个阶段：服务前阶段（联系服务）、实际服务期（当服务消费者体验服务时）和服务后阶段。客户服务过程应该被可视化为一系列相互关联的行动。以购物网站为例，用户的使用过程包括从商家页面与客服沟通、在线下单、确认订单、商家发货后提醒客户收货、快递送货到客户手中、售后服务等一系列有序的过程。整个服务涉及商户、购物平台、物流服务等。只有确定了服务设计中相关服务中的顺序，才能确保服务的顺畅体验，并确保各个服务的提供商在各个程序中提供好的服务内容。

（5）真实：跟现实中某一种产品相比，服务从本质上来说是看不见摸不着的，因此，我们需要让这种"无形"的服务变得"有形"或者可视化,让用户能对该服务有深刻的印象,从而增强其服务效果。

(6)整体:整体就是要着眼于整个用户旅程,考虑用户与服务的每个触点,并兼顾多方利益相关者的需求。利用整体化的工具例如服务蓝图,从整体的角度全方位考虑服务环境的各个方面。作为一名服务设计师,考虑服务的每个方面以及服务存在的每个角度都很重要。整体服务考虑整个用户旅程和每个消费者接触点。通过使用人物角色来突出不同的用户体验和旅程,可以实现整体方法。

服务设计思维是解决问题的有效方法。它鼓励用户定义价值,并且是一种持续收集关于什么是有效的,什么是无效的信息反馈的方法。服务设计思维过程的最终目标是确定针对项目的问题提供解决方案,这些解决方案是可取的且可行的。以上六条原则将帮助设计师提供有效的服务,而反过来将有助于企业或组织创造良好的声誉,并为用户和客户创造更多价值。

2.服务设计的构成要素。服务设计是一种以人为本的设计方法。它对用户体验和业务流程同等重视,旨在创造优质的客户体验和无衔接的服务交付。服务设计帮助客户从服务提供端到用户使用端、从表面到核心的角度来理解服务。服务设计通过创新的、以人为本的过程来改进服务、设计新的服务,从而从整体上实现有意义的改进。

在用户体验设计中,必须设计多个组件:视觉效果、功能和命令、文案、信息架构等等。不仅每个组件都必须被正确设计,而且还必须将它们整合起来以创造完整的用户体验。服务设计遵循同样的基本理念。有几个组件,每个组件都应该被正确设计,并且所有的组件都应该被集成在一起。

服务设计的三个主要构成要素是:①人。该组件包括创建或使用该服务的任何人,以及可能间接受该服务影响的个人。例如员工、客户、在整个服务过程中遇到的顾客以及合作伙伴等等。②道具。这里指的是成功执行服务所需的物理或数字构件(包括产品)。例如实体空间：店面、柜员窗口、会议室。提供服务的数字环境、网页、博客、社交媒体、对象和担保、数字文件和实体产品等。③流程。这些是员工或用户在整个服务过程中执行的任何工作流程或仪式。例如从自动取款机取钱、通过支持解决问题、面试新员工、共享文件等等。

以餐厅为例。构成要素中的"人"可以是种植农产品的农民、餐厅经理、厨师、招待和服务员。"道具"包括：厨房、配料、收银软件和制服。"流程"包括：员工打卡、服务员输入订单、清洗碗碟和储存食物等程序。一家餐厅有一系列的员工：接待员、服务员、杂工和厨师。服务设计需要解决的重点是帮助餐厅运营和交付它承诺的产品（即食物）——从采购和接收食材，到新厨师的面试和入职，再到服务员和厨师与食客之间的沟通。尽管许多环节用户无法直接体验，但每一个部分都在发挥着重要作用。我们可以将服务想象为一个戏剧表演，服务组件被分为前台和后台（客户能看到的部分为前台，看不到的为后台）。观众可以看到幕布前的一切：演员、服装、乐队和布景。然而，幕布背后有一个完整的生态系统：导演、舞台工作人员、灯光协调人员和布景设计师。服务设计则是将前后台的全部运行过程进行合理化设计的工具，通过绘制服务蓝图、定位用户痛点等方式，展现出更精彩的表演（即令人满意的服务）。

现代社会对于解决复杂问题的能力要求不断变高，它要求设计师具备良好的分析能力，用于理解问题背后的原因、涉及的对象等等方面的内容。除此之外，设计师还应具备良好的头脑风暴技巧，判断能力和团队协作能力。在制订解决方案的过程中，还需要综合分析、快速建立想法原型以及迭代解决方案的能力。只有具备这些能力，才能满足未来产品或服务的需要。

3.服务设计案例分析。"优质厨房"：针对老年用户的优质食品服务。

在2007年秋，丹麦的创意和设计机构受委托进行一个新的餐饮服务。经历六个月，"优质厨房"项目的创意诞生了。它为丹麦提供了更优质、更灵活、更自由选择的老年人膳食服务设计。

老年人餐饮服务是由市政当局补贴，为功能减退和疾病困扰的老年人提供食物的服务。大多数公共餐饮服务机构为糖尿病患者、素食者或食欲减退的市民提供特殊饮食。现有丹麦膳食服务有两种：第一种是冷冻和真空包装的食品，保质期约两周。此类食物每周发放一次，每次一周的量。第二种是每天现做的热食，即做即发。

由于其成本低廉，且营养能够被保存，第一种冷藏和真空包装的食品是最常见的一种供餐服务。这类食物通常由市政当局的公共餐饮中心进行准备、包装和运送。第二种则由私人公司负责餐饮服务。

12.5万名老年人的日常生活高度依赖于此类膳食服务。尤其是未来十年内，67岁以上的高龄老年人总数将急剧增加，这一趋势对该服务中食品的质量和餐食的多样性提出了更高的要求。

现有的膳食服务存在以下问题。

首先，根据数据显示，需要利用辅助设施的老年人中有60%存在营养摄取不均衡或营养不良的情况，这直接导致罹患疾病的风险大幅上升。营养不良会对老年人的健康造成负面影响，导致老年人身体机能下降，无法照顾自己，其最终将降低老年人的生活质量，增加社会的经济负担。

其次，现有的丹麦膳食服务缺乏个性化。不论是健康还是罹患疾病（例如精神严重失常、老年痴呆等）的老年人，都提供同一种食物，缺乏对个性化需求的考虑。

最后，基于以上的问题，设计团队进行了详尽的用户调研：通过参与式观察，设计人类学家对老年人的行为、需求和意愿进行了全面的观察，希望从中发现明显的问题点和隐藏的问题点。另外，还安排与相关专家进行访谈，详细了解了工作人员的工作流程。

为了了解用户群体和参与该膳食服务的相关代表的想法，团队组织了一系列研讨会。研讨会通过各种激发创意和想法的研究方法(例如类比法,一种触类旁通的创造性思维方法),与用户和相关利益者共同构建更好的膳食服务的创意。例如,转变服务的思路,将"为老年人服务"看作"为有孩子的家庭提供的服务",或者是以经营餐厅的思维方法来经营公共膳食服务(例如起个新店名和确定一个有意思的形象等)。

除此之外,团队还邀请用户和利益相关方参与到设计过程中,例如用户讨论会、用户参与设计的过程和对原型进行测试等等内容,这种类型的用户的参与和反馈能够促使服务不断优化和完善。例如受邀的专业厨师认为现有的厨房工作人员的技能几乎达到了专业厨师水平,存在的问题是现有的厨房工作人员的关注点是将经济效益最大化,而不是对食物造型、调味料等方面的提高。专业人士的肯定让现有的厨房工作人员信心大增,也激发了他们对该项目的热情,良性循环会使项目朝着更好的方向发展。

经过一系列的调研和设计之后,团队最终呈现了一套全新的膳食服务系统——"优质厨房"。

(1)更高的服务附加值:团队用全新的名称代替了原有的名称,并设计了新的视觉识别系统(例如配餐车的外形、厨房的装饰等等)和服务沟通的方式。这套膳食服务系统的外部视觉更具现代感,内部体验则以用户为中心,专注于高质量和高水平的服务。这些变化都促使老年人转变了对原有膳食服务的看法。新的具有附加价值的厨房不仅有助于提高老年人的食欲,还给老年人提供了良好的用餐体验。

(2)更有效的沟通模式:在新的膳食配送环节中,送餐的司机由厨房的员工兼任。他们随身携带意见记录卡,在给顾客配送餐食的同时让顾客写下对饭菜的意见和建议。这种方法使工作人员能够收集到老年人对食物的即时反馈。在员工会议上,由员工大声宣读这些意见记录卡,并将这些卡片钉在厨房中央的位置,与其他工作人员和用户的合影照片放在一起。填写意见反馈卡片是一种高效的沟通方式,将老年用户的意见及时收集,让员工清晰地了解老年用户的想法和需求,能激励员工给老年用户提供更好的服务。

"优质厨房"还会定期推出厨房的相关新闻。新闻内容有厨房员工发布的帖子、新员工的信息和照片,以及其他重要事件,如员工的生日或者老年顾客孙辈的出生等等。这能让老年人对厨房里发生的事情有更好的了解,让员工和顾客建立起家人般的情感连接。

(3)更新的菜式,更高的品质:为了能让膳食服务的菜式更丰富,团队邀请多个高水平的厨师制订菜单,根据季节的变化增加符合老年人口味的时令菜式。同时,用更加吸引人的方式对菜式进行介绍,菜单上以传统美食为主,在保留熟悉的菜肴基础之上,增加了许多新的菜式。

(4)更个性化的菜单:改善后的"优质厨房"提供了更灵活的菜单。"优质厨房"考虑了老年人的社交需求,不仅提供单人的配餐服务,还为老年人聚餐提供了包含两道菜的拓展菜单,让老年人也可以邀请朋友加入用餐中。此外,"优质厨房"还有特色菜(例如自制糕点和巧克力糖果等),让膳食选择更灵活。

另外,将菜单中的菜品采用模块化的组合方式分开放置,由用户自由组合将哪些混合在一起食用,这样可以满足个性化的口味需求。

(5)更专业的服务:团队通过设计统一、具有现代气息的视觉系统,建立类似于商业餐厅的更积极的厨房文化,让"优质厨房"看起来更加具有识别度、更专业。同时,厨房员工也更换了新制服,这样不仅让他们看起来更像是专业的厨师,也能更好地表达厨房对顾客的关爱。

"优质厨房"开放的第一周,订餐量就增加了500%。在三个月内,客户数量从650增加到700,产生这些变化的核心原因是员工对自己和工作的态度发生的改变。厨房员工对职业充满了自豪感,这种自豪感驱动着他们做出更美味的食品。因为好的食物来源于发自内心的热爱。这种正能量还带来了其他方面的积极反馈——随着口碑的提升，"优质厨房"现在收到了越来越多的主动求职申请。该团队凭借"优质厨房"项目，在2009年获得了丹麦服务设计奖和丹麦地方政府创新奖。

# 第三节 现代设计的展望

不论是交互设计、用户体验设计还是服务设计，以上这些发展已经被纳入现代设计活动中。从这些新的发展中我们可以看到，设计的着重点比以往发生了巨大的改变。在这种背景之下，不论是学者还是设计师，不得不开始思考一个问题：设计的未来会朝着哪些方向发展？以下我们将对设计的未来发展方向进行讨论。

## 一、设计变得人性化

人性化的设计是设计新发展中非常重要的部分。人性化需要对人本身有深刻的理解。它从对人的观察开始，确定真正的潜在问题和需求，这个过程可能被称为"定义问题"（而不是解决问题）。然后，这些需求和问题将通过观察、构思、原型和测试的迭代、验证过程来解决，迭代的每个周期越来越深入解决方案中，其结果是一种渐进式的创新。通过循环这一过程来优化最终的解决方案。在当今设计学科的视域之下，设计是以原型、产品、过程的形式构建对象、系统、实施活动和过程的行为。动词的"设计"表示开发设计的行为过程，在某些没有明确的事先计划的情况下直接构造一个对象也可以被认为是设计活动。设计通常需要满足特定的目标，除了考虑美学、功能、经济或社会政治方面的因素，还要与特定的环境相互作用。

人性化设计在许多领域得以应用。它是技术和人之间的桥梁。设计师通过持续设计进行研究，仔细分析情况，将每个设计作为一种方法,以小的、可控的方式测试用户的想法,用得出的结果来指导进一步的、持续的改进。

人性化的设计让我们不再是设计师,它将我们带入一个重要的行业。在这个行业中,我们用系统的方法来发现人们和社会的真正需求,提出解决方案,开发、测试和改进设计。设计曾经是一个基于观点的领域,而今天设计变成了一个基于实证的领域。从这个角度而言,设计已经变得以人为本。

**二、设计是思维方式和技能的结合**

从基于工艺的设计到基于证据的设计,从简单的物体到复杂的社会技术系统,以及从手工艺者到设计思考者的转变,都表明我们现在面临着两个不同的岔路口:设计到底是一种工艺和实践,还是一种思维方式?

从传统的设计来看,前者主要通过工艺实践为我们的生活创造美好和快乐,使用技术来创造美妙的体验。后者是设计思维,它是一种思考和探索的方法,始终以人为出发点,用新的眼光去看待世界上的重大问题。以人为本的新设计理念将人们的长期健康和幸福作为主要关注点,这也意味着解决我们这个时代诸如健康、饥荒、环境、不平等和教育等主要问题。

设计作为一种工艺,长久以来都在为人类提供巨大价值。作为设计思维的设计尚未被证实,但它有潜力为世界提供不同的价值。可以说,两者都是必不可少的。

在新的工具、材料和制造方法的世界里,设计是一门工艺和实践。设计作为一种工艺的道路已经探索得较为完善。世界各地的设计学校都开发了以工作坊的指导方式为主的工作室课程,这种传统学徒式的教育方式在传承手艺的过程中产生了出色的结果。

当今许多新的领域还有待探索和开发。新形式的制造业,新材料、新类型的公司和团体将会出现。各种新的设计机会将会出现,有些是不同领域交叉的形式,有些则是全新的体验形式,还有一些是对现有活动和服务的重新思考。

自从有了强大的设计绘图和制作工具,许多人开始自学成才。商业项目需要熟练的设计师。在制造商主导的产业链中,设计师通过熟练的工艺和技能进行设计。现在世界各地的学院和大学中传统教育方式正在被修订。教育正在从一种密集的、全日制的大班教学转变为规模更小的班级授课,提供更灵活的参与方式,方便学生在不同阶段都能参与。如今,随着在线课程的出现,终身学习成为可能。各种在线论坛和网课平台的出现,让所有人都可以学习使用现代设计和制造工具。各种讲座、研讨会和培训课程也为学习设计提供平台。设计师只需掌握相关的技能和证书,便可以投身到设计实践中。

与相对成熟的设计技能学习体系相比,设计作为一种思维方法的路径则不发达,只有少数几个机构在提供相关的教学。在一些经济管理学院的课程中,会聘请资深设计师讲授设计思维的内容。对于经济管理学专业的人而言,设计思维已经开始为他们提供强大的新工具,帮助他们解决复杂的管理问题。

设计思维可以提升组织内部结构,帮助公司制订战略,帮助员工选择新的工作方向。拥有设计思维的设计师能在管理层面中发挥本领,远远超过仅仅掌握设计实践技能的工匠式设计师。

因此,设计既是一种工艺,也是一种思维方式。许多人已经适应了这两种角色。毕竟,今天许多最杰出的设计思想家都是从受过专业训练的工匠起步的。有些人可能更喜欢工艺路线,有些人可能更喜欢设计思维路线。许多人会在两者之间反复切换,有时扮演一种角色,有时扮演另一种角色,但也会发展出一种融合两种方法的角色。

设计从来都不是空想的理论,它将实践作为准则。设计世界产生的是深刻的、深思熟虑的实干家。我们既需要思考者,也需要实干者,但正如我们必须从分岔处走两条路一样,设计师须通过实践来思考。

设计师通常快速地进行实验,构建工件或新的程序,以探索与手头问题相关的世界,并将这些反应作为如何进行的证据。设计不是深奥、抽象的思想,而是体现在行动中,由此对实践中反映出的真实证据进行完善。

### 三、复合型设计师将成为主流

当今世界对能将不同学科以全新方式聚合的设计专家的需求已经越来越明显。根据世界设计组织的相关报告数据显示,商业、政策制订者和学术单位正逐渐在设计领域中对作为革新、制造以及经济增长的工具起到越来越重要的作用。从两个方面与提供设计技能有机地结合到了一起:一种是新技术的出现或新的服务;另一种是提供能引导革新的不同技能的人才。

当工业发生变化之时,传统教育系统开始对培养适应工业发展所需的综合技能和经验的人才越来越显得力不从心。这对于设计师而言是个挑战,但更是一个机遇。在当今各个行业的公司中,创造力、灵活性、适应性、沟通技能、谈判技能、管理技能以及领导技能已经越来越被重视。这并不是说某一个具备多项技能的人就能在各种场合表现出创新,但个人或团体不断从不同领域扩展知识才是将革新变为可能的一种有效途径。

设计领域中与日俱增的关于综合性交叉学科的研究和批判性思考,为新一代的设计师们创造出全新的机遇。设计师不仅限于是表层问题创意、艺术服务的提供者,更多的是将自身重新定位为应对深层复杂问题的决策规划人。相当数量的全球指标已经看到了设计的潜质:在与财经、建设、可持续发展、健康事业、住宅和公共组织的结合下,设计将在推动地区经济、环境和人类生活中发挥出巨大推动力。这一新趋势意味着设计师的目标开始从"产品生产"转向了"过程创造"。

纵观当代设计师参与的设计项目,我们可以发现许多设计师都已经有意识或无意识地扮演了社会科学家和商业决策人的角色。设计师通过锁定问题、选定合适的目标、制订计划并提出解决方案的方式，解决了复杂的社会和经济问题。

我们身处的这个世界正在变得日益复杂。社会面临着人口增长、老龄化、人与技术日益紧张的关系等问题。除此之外，全球化、自然灾害、自然资源匮乏等不确定因素依然存在并且持续引发相关社会问题。这一系列多方面的问题在设计圈中被称为"棘手的难题"，在这个全球化社会的大环境下，急需新的非传统的方法来解决，才能改善或维持我们的生活质量。

所有这些都在深刻地冲击着设计领域。如果说工业时期设计师需要掌握的是设计技能，当今这个社会对新一代设计师的基本要求则不再是设计一种产品或者沟通服务，而是一种体系了。对很多设计师而言，从掌握单一的设计技能的工匠型设计师转向拥有多种学科知识的复合型的设计人才，在未来将成为一种趋势。

**四、全新设计教育模式出现**

现有的设计实践模式的历史起源是世界工业化国家为工业服务。世界正在迅速变化，人们对设计在世界上的作用有了新的看法，人们对经济、环境和文化的变化有了更多的认识，以往的传统设计已无法解决这些重要的问题。

随着新工具、新技术和新材料的出现，新的需求不断涌现，设计师们开始着手解决一些重大社会问题。因此，我们需要对设计教育进行重新思考：设计教育是否能为未来的设计师领导多学科团队、解决复杂的社会技术系统问题提供帮助？当前的教育模式是否适用于未来的设计领域？

拿医疗保健做例子。如何构建更优化的就诊程序以提高效率这一问题就涉及相关人员——病人及其家属、医生、护士、技术和管理人员等等。传统的设计课程缺乏学生应对这类复杂问题相关的训练。

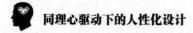

现在有部分学校开设了服务设计课程,但服务设计处理的问题还相对简单,不足以应对复杂系统(如医疗保健)。

当今,世界上所有的国家都面临着医疗、教育和交通系统方面的危机和至关重要的环境问题。当然,继续遵循传统技能和工艺的传统设计教育能够培养出具有优秀实践技能的工匠式设计师。可以看出,这些技能确实必不可少。但为了将学生转变为未来设计师,设计教育必须鼓励学生学习更多的技术,理解社会科学和世界的复杂性,应对经济、政治和环境问题。人性化将是解决未来社会重大问题的关键。在接下来的几十年里,我们将看到设计的覆盖面不断变大。设计将通过一种新的思维模式、一种人性化的方法来解决复杂问题。

现代设计不同于学术界的大多数学科,充满创意和实践导向。设计这一学科具有独特性,因为它建立在所有专业领域的所有知识之上,以构建、开发、塑造世界为目标。设计必须以充分理解社会结构、商业规则、法律法规和习俗为前提,不断寻求技术与人类本身的平衡。

当今的设计已经不再仅仅是一门手艺,设计在我们的生活中扮演着越来越重要的角色,除了为我们最基本的日常生活生产出令人愉悦的产品之外,还能解决复杂的社会问题。因此,设计教育需要提供全新的课程,除了提供设计中关于实践技能部分的训练之外,还应提供具备解决关键问题所需的必要技能,例如交叉学科的知识,让学生拥有足够广度和深度的知识,从而使学生在复杂的项目中成为中坚力量。

# 第二章 人性化——现代设计的新语境

## 第一节 人性化与现代设计

通过对现代设计发展脉络的梳理发现,人性化开始成为现代设计的发展的新方向,本章将从不同角度对人性化设计进行阐述。

### 一、现代设计研究的三要素

设计学是一门多元的学科,设计更像是一种以人为驱动力的实践活动,而科学则是以数据为驱动力的。设计的思维过程通常侧重于综合与分析,而科学更侧重于分析及假设。在设计项目中,目标是设计(发现、发明或改进)产品、战略、活动或理论。因此多元化和综合性是区分设计学的主要特征。如图2-1所示,现代设计主要研究在社会背景之下与"人造物"相关的三个角色的相互关系:设计师、制造者和用户。

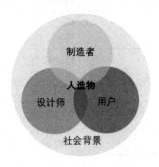

图2-1 现代设计研究的三要素

所有的设计都围绕着人造物展开。人造物,指任何由人类制造的产品或任何被人类改造的物体。人工制品是人类活动的产物。人造物是一种为解决特定问题而创造的人造物体,而不是自然产生的物体。人类对人工制品的生产与欲望和意图密切相关。这些心理结构的表征内容决定了人工制品的相关特征,同时共同决定了生产过程的某些阶段。设计中的人造物可以是一个构造、模型、方法、工具、实体或理论。简而言之,人工制品是基于设计的物理对象。它通常被用来表示小到锤子、大到计算机系统的任何东西,在人机交互或交互设计术语中,它经常被用于"工具"的意思。这个术语也用来表示设计过程中的活动。例如,在统一过程(一种面向对象的系统开发方法)中,人造物被用来表示过程活动的结果。人造物的反义词是自然物——一种不是由人类制造的物体。下表2-1总结了人造物的不同变量和元素。我们的生活中围绕着各种人造物。衣食住行中涉及的电脑、手机、桌椅等等构成了我们生活空间的主要组成部分,或者说"物理本体"这一术语也用来表示设计过程中的活动。

表2-1 人造物的不同变量和解释变量的元素

| 人造物的变量 | 解释变量的元素 |
| --- | --- |
| 研究途径 | 定性<br>定量 |
| 重心 | 技术<br>组织<br>战略 |
| 种类 | 构造<br>模型 |
| 研究方法 | 行动研究<br>案例研究<br>田野调查 |
| 研究方法 | 行动研究<br>案例研究<br>田野调查 |

续表

| 人造物的变量 | 解释变量的元素 |
| --- | --- |
| 涉及学科 | 经济学<br>策略学<br>工程学<br>认识论 |
| 定位 | 内部的<br>外部的 |
| 时间 | 事前<br>事后 |

在设计的过程中,设计师确定人造物所需的功能及其架构,然后创建实际的人造物。设计中的人造物是项目过程中产生的有形的副产品。它们可以帮助设计师厘清手头的问题,定义或描述要构建的预期解决方案,或者将用户或客户体验可视化。这在整个设计和开发过程中非常有用,这不仅是因为它们能够指明下一步的前进方向,还有助于跨学科团队进行更清晰的沟通和协调,比对话交流更能直观地完成传达任务,避免信息在传递过程中被曲解。

接下来着重说明设计三要素:设计师、制造者和用户。

1.设计师。从字面意义上来看,设计师指的是设计人员设计或执行设计的人,尤指为艺术作品或机器创造形式、结构和图案的人。人造物的设计部分地决定了人造物的样子,也可以说它部分地决定了人造物所涉及的事件的状态。设计师在众多领域工作,从时尚、建筑、平面设计到网络和用户体验。虽然实际工作的细节可能因不同领域而有所差别,但设计师的工作有许多基本特征。典型设计师的一般印象可能与现实有很大的不同。许多人将设计师的作品误解为基于艺术渲染的某种表现形式。事实上,这只是设计师最终工作成果的一部分;设计师的真正工作包括一个过程,这个过程会带来最大的可能结果,尽管存在一些限制。艺术效果图是设计师作品发展过程的一部分,但这与艺术家的作品有很大的不同,艺术家的作品是在理想的、没有限制的环境中自由地表达自己。设计师不需要成为所有方面的专家来完成他们的角色。设计师必须是一个多面手,能够从工程师或营销人员等专家那里获得最重要的信息,并构建一个总体思路,他们是决定优先事项的向导。

2.制造者。制造者,顾名思义,就是制造东西——通常是新的东西的人。这个相当宽泛的术语包括产品开发人员、艺术家、工匠和其他制作有形物品的人。从产业的角度来说,制造者是一个人或注册公司,生产成品的原材料,以争取利润。制造者充当着将设计想法或概念实体化的角色。将一个概念转化为实体化产品是一个复杂的过程,其中包含着许多改进步骤。他们通过将货物生产并分发给批发商和零售商,再由他们卖给顾客或者用户。零售商再通过实体店或第三方电商平台展示产品。制造者为了满足市场需求和自身创造利润的需要而大量生产产品,被认为是经济的重要组成部分。几个世纪以来,典型的制造者都是一个有助手的熟练工匠。每个工匠都保守着生产的秘密,只把知识传授给徒弟。这一类的生产仅限于手工操作。工业革命的结果之一是引进了新技术(如蒸汽机),使生产机械化成为可能,从而增加了产品的产量。因此,到20世纪初,制造者开始转向大规模生产来制造商品。如今,制造业是繁荣经济的一个典型组成部分。一般来说,现代制造者都与大规模生产联系在一起。技术进步使生产过程机械化,提高了整体效率和生产力。

3.用户。用户就是任何使用物质或非物质人造物(包括产品、机器或服务等)的人。在软件和计算机领域,用户指的是拥有账号或昵称的使用软件的自然人。从商业的角度而言,用户可以指为某一种产品或者某一类的服务付费的人。从人造物的角度而言,用户指的是一类有着相同特征和共同需求的抽象群体的集合。

简而言之,设计师指从事人造物设计行为的主体,制造者则是将设计生产实体化或将人造物提供给终端用户的主体,用户则是人造物的使用者和消费者。现代设计则是在研究社会背景之下制造者、设计师和用户以及与连接三者的人造物之间的相互关系中展开的。

基于现代设计的三个要素或者角色之间的关系,随着工业革命的发展,设计研究的重心不断在这三个角色中发生着转移和嬗变。

1.制造者为中心的设计。早期阶段,随着机械化大规模生产在第一次工业革命中得以应用,设计的方向由制造商的需求而决定——批量生产的起步阶段,当时的市场需求取决于制造品本身,即生产决定了需求,人们只能从现有生产条件下制造的有限产品中进行被动选择,加上作为工业革命受益方之一的普通民众享受到了以往手工业时代无法企及的多样化平价商品,用户的需求尚未在此角色关系中造成影响力。为了能产生制造商所追求的更多利润,设计的实现同样受到了制造方生产条件的限制,设计师必须设计出能够快速适应批量生产的产品,因此用户的需求和设计师的主观意图处于次要地位。最终结果是设计在制造方的需求主导下,将如何利用现有生产条件更有效率地制造更多商品、产生更大的利润作为主要原则,设计在此时应当是"以制造者为中心"的行为。

2.设计师为中心的设计。随着工业生产不断迭代,行业间的竞争力变大,民众对于产品的选择更加广泛,对产品的多样性有了更高的要求。各行各业开始意识到设计师对于产品销售的影响力,制造方发现那些更富有设计感和美感的产品更受民众欢迎。此时设计师角色的重要地位开始确立。许多出身于艺术领域的设计师将传统师徒模式应用于设计教育中,设计师将美学知识应用于设计实践,设计师的审美倾向和风格受到师傅的影响而非来自用户或制造方。设计师把长年累月形成的美学知识和自身对产品的理解作为设计的出发点,因此人造物成为设计师表达自身风格的媒介和载体。此时设计的天平由"以制造者为中心"倾斜到"以设计师为中心"。

3.用户为中心的设计。在设计领域的进一步发展和多学科的整合

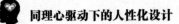

下,产品的极度丰富和生产条件的飞速提升,作为产品的最终购买者和使用者,用户的需求开始影响产品的制造和设计。为了卖出更多的人造物,不论是制造者还是设计师都开始通过了解用户的生活方式、情感、行为模式和体验来关注用户,以便设计出更被他们接受的产品。最后,用户需求成为角色关系中的重心,直至今日,设计依然如此。以用户为中心设计的理念成为当今设计的主流思想,为了获得用户的体验,各种研究方法应运而生,人性化设计便是最重要的一种理论。

## 二、人性化设计的萌芽

关于人性化这一概念最早可以追溯到几千年前。中国古代哲学中关于"仁者爱人"的观点,体现了其核心——"仁"。《说文解字》中解释道,"仁,亲也"。"仁"的本义是亲和,指人和人之间互相关爱的和谐关系。在孔子看来,人应该友爱大众,亲近贤德。孟子则对"仁"做了进一步阐述,认为"仁"是人的本性,是人与禽兽的本质区别。孟子说:"恻隐之心,人皆有之。"恻隐之心,是一个人仁德的开始。还说,"无恻隐之心,非人也",把"仁"上升到人本性的高度。

儒家学说认为"仁"是处理社会关系的重要方式,中国人秉承着"仁爱"的标准,对人尊重、友善、将心比心。在这中间体现的是对他人关心的大爱精神,从现代设计的角度来看,这种以人为本的思想,恰恰是人性化设计的出发点。

设计走向人性化是一种必然。工业革命促进了大型机械的生产,极大地解放了生产力,迅速提高了生产效率。机械产品因其低成本和人们的好奇心而迅速进入人们的生活。大量产品以前所未有的速度生产,从而降低了成本。但随之而来的是机械化的另一个问题——忽视设计原则、滥用装饰、丑陋的造型、粗制滥造、与手工产品相比显得冷漠和缺乏亲和力。为此,现代设计之父威廉·莫里斯于1864年领导了英国艺术和手工艺运动,希望赋予日常生活必需品以美,并为人们的生活带来更多的兴趣。此后,新艺术运动和装饰艺术风格更加注重产品的美观。这些漂亮的设计反机械生产,充分发挥手工制作的优势,但后果是产品成本增加,降低了产品被普通大众拥有的可能性。一些学者批评这种产品完全违反了设计社会化和民主化的原则,这种设计的人造物是象牙塔里理想主义的产物。

从18世纪末到19世纪初,机器成为工业生产不可或缺的一部分,许多技术工作都由大量没有接受过传统手工艺培训的工人承担。由于机械标准化生产的准确性,这些工人只能根据预先确定的设计进行重复工作,在产品生产过程中不可能对产品设计施加自己的影响,这使得机械化生产中设计与生产分离。产品设计与生产之间时间的延长和生产过程的标准化导致了产品设计的卓越化趋势,设计师的作用越来越突出。例如,陶瓷设计和印染设计趋于专业化,其设计的质量直接影响到制造商的经济利益。然而,在垄断行业,设计师的作用往往被忽视。例如,在早期的福特汽车工厂,工程师控制着整个生产部门,而设计的作用微乎其微。到了20世纪20年代,为了与福特竞争,美国通用公司成立了"艺术与色彩部"和"造型设计部",聘请了著名的汽车设计师哈雷·厄尔负责,结果汽车的销量超过了福特。这使得福特不得不关注车型的变化,以满足市场更加多样化的需求。这证明了设计师的重要性。设计师的出现意味着市场已经从卖方市场转变为买方市场,由于销售的压力制造商开始认识到设计师的重要性,更加关注消费者的需求。设计师的出现是消费者的福音,也是人性化设计出现的必要条件。

有学者开始从设计理论的角度讨论设计的目的到底是什么。瑞典工业协会成立于1845年,在20世纪初,它开始提出对功能性的追求:"任何东西都应该做它理应做的事情。"例如椅子要让人坐着舒服,桌子要让人好好吃饭或工作,床要让人睡觉舒适。"这一口号的中心是突出设计的功能性,使现代设计思想向前迈进了一大步。美国建筑中的芝加哥学派很好地将这种设计理念在建筑中体现出来。他们的建筑

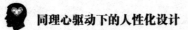

设计关注内部功能,强调结构的逻辑表达、外立面的简洁以及大窗户的使用,打破了传统建筑的沉闷。芝加哥学派的坚定支持者路易·亨利·沙利文,提出了"形式追随功能"的理念。

实践证明,功能主义设计是设计发展史上极为重要的组成部分。虽然它与手工业产品相比略显单调,但它的革命精神无疑符合新时代工业化的要求。无论是工艺美术运动、新艺术运动还是法国装饰艺术风格都是与功能主义相互影响、共同发展的。那些简约的现代产品不仅启发了现代人的审美意识,也为更多人性化产品的诞生奠定了基础。

1919年成立的包豪斯设计学院将功能主义发挥到了极致。以包豪斯校舍的设计为例,其建筑在功能处理上关系明确且方便实用。校舍布局灵活、建筑形式多样且不拘泥于现成的模板,其外立面充分体现了新材料、新结构的特点。格罗皮乌斯·阿德勒是20世纪20年代功能主义风格的典型代表。他在1930年设计的汽车通过整个有机部件的和谐,体现其功能上的逻辑。汽车整体外观的设计与内部结构相呼应,所有的零件和局部都是一个完整的有机整体的组成元素,是美学表达和技术机器功能的完美结合。这种纯粹的形式有意识地减少了不必要的能源、材料和装饰浪费。这些充分体现了功能主义的设计原则,以功能主义为特征的早期现代主义表现出强烈的理想主义色彩,但早期现代主义的缺陷也很明显,他们忽视了市场的重要性。功能主义确实彻底改变了人类产品的设计,使产品人性化,并在广义上满足了人类最基本的需求。然而,市场不仅需要实用性的东西,而且追求美感和多样化,这种美感应该基于功能之上。

随后,人体工程学的学科日益兴盛,其研究成果被广泛应用于设计中,更加明确了设计的目的,在提供实用、安全、方便、舒适的产品方面起到很大的推动作用。人机工程学的工作方法是系统地将人类的特征、行为和动机引入设计过程中,设计师和技术人员开始注意满足人们的需求,考虑设计要适应人类本身。

人体工程学体现了设计师对人无与伦比的关怀和热爱,使设计充满人性化。20世纪60年代,瑞典人机设计团队取得了显著的成就,该组织从事残障人士的产品和医院设施产品的研究和设计。他们在设计中特别注意人的生理因素和心理因素。他们用大量时间进行调查和研究,所有设计都制作成全尺寸的模型,以精确测试人机关系,并通过摄影分析产品工作的过程和动作。通过这种设计方法,产生了大量优秀的人造物。

1979年,挪威斯托克公司还根据人体工程学原理设计了一系列新座椅,即著名的可调节椅子。该公司从家具应该为人们提供良好的坐姿和自由活动这一概念出发,设计了一款革命性创新的摇椅,适用于各种人群。该系列的可调式座椅为用户、尤其是背痛患者提供良好的坐姿,并因此收获了无数好评。产品通过独特的形状将人体坐姿向前倾斜并支撑膝盖,使脊柱和身体在直线上并保持自然平衡状态,从而使身体的各个部位都能最好地完成其功能,消除背部、颈部、臀部和脚部的压力。这个例子充分说明了人体工程学原理在产品设计中的应用。

1991年设计并制造了诺和诺德的笔式注射器。全世界数百万糖尿病患者每天都需要注射胰岛素,世界领先的胰岛素制造商诺和诺德已经开发出简化的每日注射的新方法。这些产品方便了患者,提高了他们的生活质量。诺和诺德笔式注射器的外观与普通自来水笔类似,可以用于不同的注射方法,用户只要找到确定的剂量范围并按下按钮,就可以自行注射胰岛素。诺和诺德注射器也可用于注射促生长激素。两种产品的试管都可以储存数天剂量,并且有一个重新启动按钮来及时纠正错误的剂量。这样的产品不仅可以方便患者使用,还可以让患者感受到产品的关怀。

时间推进到20世纪60年代末,维克多·帕帕尼克在其著作《为真实的世界设计》中提出了三个著名的设计观点：

1.设计应该服务于人民；

2.设计不仅要为健康人服务,还要为残疾人服务；

3.设计应认真考虑地球有限资源的使用,设计应服务于保护我们生活的地球的有限资源。

帕帕尼克提出了一个新想法,即设计应该与"真实世界"联系起来。他把设计放在整个社会的角度,认为设计必须有意义。它应该为人们的"需要"而不是"欲望"服务,要服务于大多数人的需要,服务于人类和环境的未来发展。他首次提出了设计伦理的概念,详细阐述了设计与社会责任、生态环境和思维方式的关系,从而拓宽了人性化的范围。

在有关人性化的讨论中,除了设计要以用户为中心的观点外,有关设计情感化的理论也对人性化设计的完善起到了不可忽视的作用。随着对产品的多功能化需求越来越明显,不同功能被重新组合从而产生了一种新的商品。这种新产品反映了用户的意愿,人们希望一种产品能产生多种用途。因此,在使用产品时,人们总会探索出其他的可能性。以水杯为例,除了最基本的储水和喝水的功能之外,人们拓展出来无数的新功能——用它作为烛台,或作为覆盖小东西的盖子,有时还可以作为量杯之类的测量工具。因此,设计师也试图在设计中扩展产品的功能,使其更符合用户的心理需求。

事实上,有些东西本来是没有生命的,一旦与人建立了某种"情感联系",就会有生命。机器的生命是由人类赋予的。现代社会有一个普遍的现象,首先是吃饱穿暖,其次是兴趣或嗜好。例如相机,使用相机的用户大多数不仅仅用其完成拍照的功能,许多用户购买相机是因为喜爱摄影或者是深度的精密机械爱好者,因此设计师需要通过精致的设计,让产品给这些用户带来良好的感觉,满足其兴趣,通过每一次的使用,完成愉快的人机交流。人性化设计就是让工业产品充满人性化的温度,从而消除人与机之间的鸿沟,真正实现"人机一体"的和谐境界。

人性化的设计产品不仅给我们生活带来便利,也使产品使用者与产品之间的关系更加和谐。产品如果没有考虑人性化的需求,就会让用户花大量的时间和精力去思考、理解,可以说是"人适应产品"。例如,一支笔拿在手里会不舒服,一座结构非常不合理的房子让人摸不着方向,一把椅子坐在上面人感觉很累,一台机器在运转时发出太大的噪音等等。我们身边有太多这样的例子,这些产品只是勉强能用,却让我们的生活在不知不觉中变得枯燥和不方便。人性化的产品是"产品适应人",它们最大限度地适应人们的行为,理解人们的情绪,让人们在使用时感到舒适。将人机工程学应用到产品设计中是一种典型的设计方法,以满足人们在身体层面(舒适度)和心理层面(亲和力)的需求。

人性化设计的概念不是由设计运动或设计团体提出的。这是人类在设计世界里一直追求的目标。与以前为贵族制造奢侈品的工匠不同,现代设计师具有强烈的社会责任感,他们希望通过设计改善挣扎在贫困线上的人们的生活条件。当今流行的美学观点认为,好的设计是以考虑大多数人的需求为出发点的。如今,越来越多的设计师开始关注他们的产品是否使用舒适好用,是否让人感觉友好,是否有利于自然环境的发展,是否考虑到全部的人群。这是人性化在设计中的体现,因为设计的目标是在保留产品功能完整性的前提下追求简洁的造型,并充分考虑用户的生活。

如今,设计面临的问题不再是为了进行连续生产以销售更多产品,我们开始考虑源头问题——产品是否应该被生产出来。质疑产品存在的合理性不仅是设计师的权利和责任,也是设计师存在的理由。缺乏功能性或者未考虑人们需求的产品充斥着生活,不仅不能为人们带来便利,反倒成为巨大的资源浪费。从人性化设计的角度而言,设

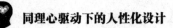

计可以帮助人们实现梦想,充满人性关怀的产品是不可抗拒的,它们为人们提供了追求美感、享受功能,甚至倾诉情感的平台。

### 三、人性化设计的必要性

用户满意度是人性化设计的主要目标,其中最重要的一点是可用性。可用性是指特定用户可以在特定环境中使用产品,有效、快速令人满意地完成特定任务。产品的可用性由用户在特定环境中使用产品后确定。换句话说,产品的可用性特征由三个部分决定,包括产品是否能帮助用户实现特定目标、产品执行任务的效率以及用户对使用产品的满意度。可用性进一步可分为几个子组件,以网站为例,可用性包括易于访问、易于安装、易于学习、易于使用、易于帮助、易于技术支持和易于卸载。在用户眼中,可用性只是指他们与产品或系统交互的质量。事实上,产品的大多数属性都与可用性有关,例如功能、性能、可靠性、安装方便性、可维护性、是否提供详细文档以及是否提供相应服务。换句话说,用户对产品可用性的满意度在很大程度上决定了他们对所有这些属性的看法。我们正处于一个技术重大变革的时期,可用性几乎影响着人类生活的所有领域。计算和通信能力的增强、微型传感器的出现、制造物理部件的新方法、新材料的发明和功能强大的新软件工具(例如人工智能)的开发,正在改变教育、工作、医疗、交通、工业、制造和娱乐。

今天,我们的许多产品都是通过以技术为中心的方法来设计的。基本上,技术专家进行发明和设计,然后由机器将其付诸实践,人们按照指示和说明使用该产品。因此,当人们无法按照产品说明进行使用时,则被认为是使用不当,但问题在于这不能归结为人为错误,而应当属于不恰当的设计。例如90%以上的工业和汽车事故都是人为失误造成的,当人为失误的比例高达90%时,我们显然需要知道事故出现的真正原因。为什么人们会一而再、再而三地犯同样的错误?背后潜在的原因是否是由设备或程序的设计不当而导致的?

为了避免此类的事故再次出现,我们必须停止以技术为中心,将设计的重心转变为以人为中心,即人性化。要做到人性化,首先需要了解人们的需求,并为这些需求设计解决方案,确保最终结果是易懂、易操作、价格适中且有效的。设计过程中,设计师需要与用户进行接触,确保他们的真实需求得到满足。通过多次迭代进行持续的测试,从简易的原型开始,通过不断改进,最终得到一个令人满意的解决方案。

人性化设计使人们能够操作复杂设备。早期的飞机驾驶舱有许多显示器和控制装置,往往因考虑不周,飞行员误操作,在某些情况下导致了严重的事故。通过以人为本的设计方法的应用,今天的驾驶舱在关键信息的显示以及控制的定位和选择与人的能力相匹配方面做得很好。此外,飞行员和机组人员、空中交通管制员和地面工作人员所遵循的程序也已修订,更符合人类的需求。现在,事故率已经下降了很多。同样的,早期的计算机必须通过复杂的命令语言才能控制,操作人员需要经过大量培训才能上岗操作,如果出现操作问题,则归咎于操作不当。如今的计算机系统则在设计时更多地考虑了人类的使用习惯。比如通过图形和简单的鼠标点击、手势或语音命令进行控制,与人们的思维和行为方式相匹配,让计算机操作变得简单易行。

# 第二节 人性化设计的基本概念

## 一、人性化设计的概念

人性化设计这一概念的提法最早出现在 20 世纪 70 年代。后来,认知科学和可用性工程专家唐·诺曼将其细化为具体的概念。设计学界普遍认为,人性化设计是指改善人们在使用物品时的体验。

人性化设计是解决问题的一种创造性方法和过程。它将真实的

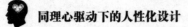

人置于设计开发过程的中心,从设计的对象开始,到为其量身定制新的解决方案结束。人性化设计需要设计师与设计对象建立深层次的共鸣,从而引发大量的创意和想法,通过创造原型并与目标用户分享,最终提出创新的解决方案。

人性化设计是一种解决问题的框架,它帮助系统和产品更好地响应客户。它依靠严谨的定性方法将研究导向深入理解客户需求、见解和情感的目标上。通过使用人性化设计,设计师可以将时间、资源和精力集中在解决方案和创新上,以提供有效、简单,并与用户的情感相协调的服务。

### 二、人性化设计的阶段

人性化设计分为灵感、构思和交付三个阶段,通过这几个阶段创造人们喜欢的产品和服务。在灵感阶段,设计师将自己沉浸在研究对象的生活中,并深入了解他们的需求,在构思阶段,通过理解前一步学到的东西,确定设计的机会,并提出可能的解决方案,在交付阶段中,将解决方案带到生活中进行完善,并最终推向市场。

#### (一)第一阶段:灵感

第一阶段致力于向用户学习。与其先入为主地开发你认为用户想要的产品,不如花时间去收集他们真正想要的产品的第一手资料。

设计师需要具备理解他人经历和情绪的能力。站在用户的角度考虑问题,确定他们目前在使用什么产品,为什么以及如何使用这些产品和他们面临的挑战。

我们可以理解为消费者不是在"购买"某一种产品,消费者只是雇佣产品来做特定的工作或实现特定的目标。从这个角度而言,设计师需要围绕用户的雇佣动机而不是套用呆板的标准客户属性(如年龄、性别、收入和婚姻状况),针对用户的需要来进行产品或者服务的开发和设计。为了确定你的用户雇佣你的产品或服务的目的,应观察他们如何使用产品,并进行用户访谈。通过这些方式,收集尽可能多的反馈,以便能够发现某种行为或思考模式、行为和痛点,从而为理想的最终产品或服务的构建提供重要的信息。

**(二)第二阶段:构思**

在第一阶段收集到的灵感会帮助设计师进入构思阶段。在这一阶段中,设计师根据收集到的反馈进行头脑风暴,尽可能多地提出想法。在这一过程中,始终要记得将用户的需求放在第一位。

当庞杂的想法逐渐缩小到最可行的范围时,设计师便能够创造出一个粗略的原型。它可以是画在纸上的草图或通过电脑软件演示文稿。其目标是测试用户对于这个想法的反馈如何,然后通过不断修正和迭代进行再次测试,直到开发出一个理想的解决方案。

**(三)第三阶段:交付**

最后阶段是将理想的解决方案推向市场。设计师首先应该考虑用户在哪里,以及他们想要如何营销。并且,将对向更广泛的受众推出该产品或服务过程中获得的反馈进行分析,从而进一步完善设计。在这个过程中,设计师应当始终将"人"置于开发过程的中心,确保想法的创新,并实现产品与市场的匹配。

**三、人性化设计的要素**

如图2-2所示,人性化设计应考虑以人为本的观点、定义正确问题、使用系统方法和原型迭代完善四点要素。

以人为本　　定义正确　　使用系统　　原型迭代
　的观点　　　问题　　　　方法　　　完善

图2-2　人性化设计的四大要素

1.以人为本的观点。当今的许多系统、程序和设备都是以技术为

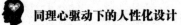

中心的,围绕技术的能力进行设计。人们需要在适应和学习这些技术之上,填补技术无法完成的部分。以人为本就是要改变这一现状,从人的需要和能力出发。它意味着考虑到所有参与使用的人,考虑到群体的历史、文化和环境。

以医疗保健为例。患者及其家人、全科医生、专家、技术人员、护士、药剂师、社区支持人员以及安排和支持活动的各种工作人员都要成为设计研究的对象,设计师需要仔细观察个人的日常工作,包括诊所、实验室和现场地点的行为。随着临床护理、公共卫生和社区之间的界限逐渐消失,提供医疗保健的企业和管理医疗保健的成员的工作流程也成为必要的观察对象。在医疗保健以外的领域,这一原则也同样适用。

2.定义正确的问题。人性化设计需要解决必要的、根本的问题,不能治标不治本。因此,从实地研究和对用户行为的观察(人种学方法)是一个良好的开端。多问"为什么"之类的问题,当答案是"人为错误"时,继续追问"为什么会发生这个错误,如何避免这些人为错误"。在此讨论中,涉及的核心问题通常是由于人们对整个系统的复杂性缺乏了解、构成方式不协调以及工作环境造成的中断(包括频繁的中断、出现相互冲突的需求、涉及过于复杂的技术或者技术系统之间多次转换的需要)等等原因导致的问题。

3.使用系统的方法。这些系统方法应当是围绕用户活动和行为的。设计必须关注考虑中的整个活动,而不仅仅是孤立的组件。此外,行为活动不是孤立存在的,它们是复杂的社会技术系统的组成部分,修复或改进一个小的局部问题可能导致负面的全局结果。在多个参与者之间,经常会出现紧张、冲突和不同的观点。因此,我们必须在所有各方的协助和支持下制订合理的解决办法。设计师和专家可以提供必要的分析和方法,考虑文化、环境、社区因素,最终达成各方满意的结果。

4.原型迭代完善。最初的建议无论是关于创新的还是改进的,最初的原型可能都不完美,例如原型难以实施、制作成本高昂,或不适合特定的文化风俗等等。因此,原型需要设计师抱着极大的耐心和毅力进行无数次的尝试、重新思考和重复,直到结果达到应用的条件。如果用户在设计和评估中积极参与,那么他们就会更愿意接受重复试验,并能让试验顺利完成。人性化设计通常让参与者扮演设计工作,以便提供快速反馈。随着每一次迭代,原型将会变得更加精致和可用。

### 四、人性化设计的原则

人性化设计一共有六个原则,分别为:确定业务目标、了解用户、设计整体用户体验、评估设计结果、评估竞争和以用户为中心的管理。

1.确定业务目标。确定目标市场、目标用户和主要竞争对手不仅是所有设计的关键,也是制订用户参与策略的关键。确定业务目标意味着定位目标市场,了解该市场的所有用户及其特点,了解大多数目标用户目前采用的解决方案,从而掌握产品竞争情况。人性化设计必须符合公司的商业战略,并能显著提高经济价值。此类信息必须在项目开始时提供,如果缺少信息或信息不完整,下一个用户中心设计活动是否有效就值得怀疑。

2.了解用户。了解用户是所有设计的驱动力。这一原则是人性化设计的基础。为了能对用户当前和未来行为模式有正确的把握,人性化设计团队需要了解用户现在和未来需要完成哪些任务、用户会使用什么工具来完成任务、他们在使用工具时遇到什么问题、他们完成任务的工作环境的主要特征(例如,他们主要是在公司还是在出差的时候一起工作)。以保险公司为例,让每位员工都知道目标用户的信息有助于确保设计是真正以用户为中心的。通过公司内部的沟通,提供目标用户定义的信息非常重要。例如,人性化设计团队收到某人寿公司的一个项目,客户希望改进现有的索赔处理系统,并为其设计一个新的图形用户界面。人性化设计团队由许多专业人士组成,包括多个用户交互设计师和程序员、一个设计师和许多其他专家。新系统将为不同的目标用户设置不同的权限。例如,普通员工只负责将数据输入系统,但无权处理数据,经理决定是否提供薪酬。其他用户包括全职康复专家和残疾护理专家,一些有权访问系统并输入或更新现有索赔事件的,而其他人只能查看现有的索赔记录。面对如此庞大的目标客户群,团队提出了一个设计问题——如何优化系统以满足这些用户群的需求?

为这些不同的用户提供更好的设计解决方案,团队花了很长时间来划分这些用户及其任务。他们创建了一个大型工作角色和任务矩阵,并进行了分配。团队从设计备忘录、存储每个阶段设计结果的数据库、用户反馈数据以及团队填写矩阵所需的其他材料中收集数据,在总结这些数据之后,团队将所有用户分为四个主要用户组。然后将摘要矩阵复制到一个大公告板上,并将其粘贴在工作室的墙上,以提醒团队此时正在为谁设计。大家根据这些数据设置系统安全性,为不同的用户分配不同的系统访问权限。系统根据这些数据确定前端用户界面处理哪些任务,而其他任务可以安排在稍后期的界面中进行处理。

3.设计整体用户体验。在设计时,多学科团队应该考虑用户能看到、听到和触摸的一切。第三个原则侧重于用户体验的设计。人性化设计的关键要素是设计整体解决方案。也就是说,它应该:容易买到、易于安装、易学、易于使用、有吸引力、有用。

人性化设计需要考虑产品的购买因素。因为产品的广告和包装会给用户留下第一印象。当用户看到这些,他们将建立自己对产品设计的看法,例如产品应该有什么特点,然后才会考虑是否购买。如果产品广告和包装与现实不符,用户就不知道产品是什么,不明白该产品有什么特点,甚至因此产生怀疑心理。即使产品设计做得好,用户在实际接触之前就开始大打折扣。曾经有人认为可用性意味着用户在使用产品时没有大问题,然而,随着市场竞争的日益激烈,可用性也要求产品方便用户,并提供一些有吸引力和令人愉悦的特性。所有这些标准都要求来自不同学科的专家设计整体化的用户体验。

以某一桌面系统的设计为例,其产品性能优良,兼容性强,用户界面友好,深受潜在用户的喜爱。此产品的目标用户是系统管理员。他们常年与计算机打交道,被称为这一领域的年轻专家。基于成功安装所需任务的可用性研究结果,他们设计了产品包装。该软件包通过精心安排组织材料,将硬件安装和软件安装顺利、和谐地结合在一起。用户通常的安装过程具有仪式感。用户打开包装,取出里面的所有组件,将它们分散后再花大量时间根据安装手册查找到所需的组件,最后才能完成组装。而该桌面系统包装事先考虑了用户安装顺序,对组件进行设计和包装,因此避免了打散再寻找的混乱情况。此外,它还通过一些间接的方式激发用户对系统的兴趣。用户打开软件包后,首先会看到衣服、鼠标垫、杂志和一款可以充分发挥系统立体图形处理能力的游戏。在调查用户反馈时,常常会有人问在哪里才能买到这款衣服。一位客户经理说,从其他制造商订购该系统的用户也想要衣服,最后他不得不通过抽奖的方式分发给他们。

此外,团队还设计了多种方式以确保用户从一开始就有一个愉快的系统体验。例如,通过可用性调查发现,用户往往因为第一次启动系统需要很长的初始化和安装过程而感到不耐烦。针对这一点,产品设计师在电脑上放了一袋微波爆米花。当系统启动配置步骤时,将提示用户微波和享用爆米花。当然,团队还修改了程序,让配置和安装过程时间大大缩短。

4.评估设计结果。设计评估的目的是通过收集用户反馈来改进设计。为了促进产品设计,需要快速准确地收集用户反馈信息。必须经常收集用户反馈,以保持其有用性。高效的人性化设计团队应该每周或两周安排一次评估活动。小组无须讨论"我认为客户会喜欢这个"

之类的问题,他们可以在下一个活动中轻松获取相关信息并节省时间。此外,还要注意准确性。仅仅问一两个顾客的想法是不够的,这会产生过于片面、不客观的结果,容易误导团队的后期环节,造成设计的偏差。人性化设计指出了收集用户反馈以及确保用户反馈结果准确性的特殊方法。值得注意的是,从用户那里获得反馈的目的是促进产品设计的完善,否则收集这些反馈信息将毫无作用。收集用户反馈有两种基本方法。通常,第一种方法是使用"低保真度"原型系统,即在纸上绘制设计模型,然后收集用户对该设计的意见。这种方法在设计的早期阶段最有效。此外,即使在有高保真原型的情况下,它仍然非常有效。因为它会让用户觉得设计还没有完成,用户提供的数据和意见会被采纳并用于设计的后期改进中,因此他们会给出更好的建议。

第二种获得反馈的方法是运行原型系统或早期的实物产品,并由用户测试设计结果。有一种评估成熟设计的方法,是在正式的可用性实验室进行测试。在可用性测试过程中,多学科合作可以提高测试质量。可用性实验室促进了多学科协作的管理。以应用程序的可用性测试为例,它可以帮助计算机销售人员配置大型机系统。在测试中,安排了多个专业的人员参与,希望大幅提高测试效率。在整个测试过程中,用户研究专家一直坐在设计团队负责人的旁边。团队负责人是应用程序人机交互设计的两名成员之一,对应用程序运行的环境了如指掌,同时也了解用户的想法。因此,他可以扩展和延伸用户反馈专家提出的问题和评论,帮助解释一些用户行为,并从所有参与者的意见中得出更详细的观点。所有这些反馈都是实时的。此外,由于测试是在可用性实验室进行的,所有参与者都可以参与讨论,这种合作不会干扰测试过程。最后,测试成功完成,通过多学科人员的密切合作,实现产品的良好应用。

5.评估竞争。竞争性设计需要持续关注用户当前如何完成任务,从而为产品设计添加一些有价值的功能。竞争性设计需要不断关注竞争对手及其客户。这里提到的竞争是针对绝大多数用户用来完成任务的一切。竞争对手可以是实际竞争对手公司的产品,也可以是一系列产品的组合,甚至是一些类似的(非技术性的)方法。

开发机构和公司通常认为他们的产品是独一无二的,不会有任何竞争对手。然而,正如人们所说,几乎所有产品都有某种竞争对手。竞争对手可能是人们试图完成任务的某种方式,而不一定是产品。我们需要从这个角度来看待竞争对手。我们必须仔细研究竞争对手,了解他们产品的用途,比较他们的情况,以评估他们和自己的解决方案,最后基于任务并对这两种解决方案进行可行性测试。

以一家大型汽车公司设计的内部扬声器为例。首先要做的是评估竞争对手。该小组的一位用户研究专家仔细调查了两类竞争对手。首先,团队调研了现有市场上的汽车扬声器。专家组认为,第二类竞争对手是各种普通扬声器。用户研究专家对普通扬声器产品设计了一份实用的评估问卷,以检查那些吸引了很多关注的产品和无人关注的产品。在研究了各种播放器之后,团队发现了它们在设计上的优缺点。然后,调研人员把照片和视频片段带回开发团队。随后,参与该项目的所有员工举行了一次会议,会上介绍了前期获取的扬声器竞品数据。

6.以用户为中心的管理。最后一个也是最重要的原则是,在制订产品计划时,应该以用户为中心。在制订计划、决定优先事项和决策时,应考虑用户的反馈。即使公司完全遵循前五条原则,如果违反了最后一条原则,一切都将白费。一些项目负责人通过高度调动设计团队的积极性,根据用户输入的信息,设计出了很好的方案,但由于管理问题,未能将设计融入产品中,用户没有体验到这些产品的好处。使用人性化设计方法将可用性整合到产品中涉及一系列商业决策,因此,我们应该考虑以用户为中心的管理。一开始,我们应该做出正确的投资决策,设定可用性目标,在开发/生产计划中列出适当的资源,获得所需的关键技术,并利用客户反馈会议来发现和解决用户问题,追求客户满意度,始终关注从客户角度考虑问题。

随着世界越来越涉及复杂的社会技术系统和需要解决的棘手问题,我们从人性化设计中获得洞察力是必不可少的。

# 第三节 人性化设计的思维框架

人性化设计和设计思维都源于用户,以及对用户的同情和理解,这应该是所有设计决策的核心。

在现代设计中,越来越多的人强调设计思维的重要性。在人性化设计的趋势下,设计思维帮助设计师将以人为本的原则应用到全新的领域。设计思维是一种重构问题的方法。设计思维不仅帮助设计师从专业之外的不同角度看待问题,更能帮助设计师重新定义并解决问题。因此,在以人或者用户为研究的主要对象的人性化设计中,设计思维成为其主要的思维框架。

设计思维是一种创造性解决问题的方法,其基本思想是团队可以一起工作、创造创新,从而产生更好的解决方案、更精简的过程,并提高质量,用设计思维来创造产品和服务,以满足特定群体的需求。设计思维是一套特定的工具,用于发现值得解决的问题,并产生新的解决方案。

设计思维既是一种意识形态,也是一种过程,关注以用户为中心的方式解决复杂问题。这个过程通常是以团队为单位进行观察、识别和理解目标群体面临的特定问题或挑战。团队合作会带来不同领域的技能和知识,不同的视角能带来意想不到的思考和更好的潜在解决方案。

设计思维是一种植根于一系列技能的创新解决问题的过程。这种方法已经存在了几十年。

从那时起,设计思维过程被应用到新产品和服务的开发以及解决一系列问题之中。设计思维过程所涉及的步骤很简单:首先,充分理解问题;其次,探索各种可能的解决方案;再次,通过原型和测试进行广泛迭代;最后,将方案付诸实现。

设计思考的第一步是在寻找方案之前分析需要解决的问题。有时候,你需要解决的问题可能并不是你最初打算解决的。

国外某理工学院教授认为大多数人在探索解决方案空间之前,不会花太多精力探索问题空间。他们所犯的错误是试图将问题只与自己的经历联系起来。这会错误地导致你对问题认识的片面性。实际问题总是比人们最初设想的更广泛、更微妙,或更不同。

以某国的送餐服务为例。当团队发现通过该服务获得膳食的城市中老年人存在营养不良和营养不良的问题时,他们认为简单地更新菜单选项就足够解决问题了。但经过更仔细的观察,团队意识到问题的范围要大得多,他们需要重新设计整个体验,不仅是为那些领取食物的人,也为那些准备食物的人。公司几乎改变了自身的一切,包括将品牌更名为"优质厨房",并重新思考其商业模式。公司做出的最重要的改变是扭转了员工对自己和工作的看法。这反过来又帮助他们创造了更好的食物(食物本身也发生了巨大的变化),这一系列的改变获得了更快乐、吃得更营养的顾客。

该阶段需要用户的深度参与。假设你正在为康复病人和老年人设计一种新的、你从未使用过的助步器,你能充分了解客户的需求吗?如果你没有广泛地观察并与真正的客户交谈,答案当然是否定的。这也是设计思维与人性化设计紧密相连的原因,设计师必须让自己沉浸在用户的问题中。回到前面的问题,你如何开始制造一个更好的助行器?当来自某理工学院综合设计与管理项目的团队与设计公司一起承担这项任务时,他们对使用过步行器的用户进行采访和观察,了解他们的体验。他们在设计过程中以人为中心，一开始就了解他们的需求，然后鼓励用户参与整个开发和测试过程。

设计思维过程的核心是原型设计和测试(后面会详细介绍)，这允许设计师尝试，失败，并学习哪些是可行的。测试也涉及客户，用户持续的参与能提供潜在设计的反馈。如果用户在最初的访谈后就不再参与项目，那么很可能团队最终得到的将是一款对用户来说效果不太好的步行器。

采访和理解其他涉众也很重要，比如销售产品的人，或者那些在产品生命周期中支持用户的人。

设计思维的第二阶段是开发问题的解决方案。这始于广为人知的头脑风暴。这是一种群体解决问题的技巧，是设计团队产生想法来解决明确定义的设计问题的一种方法。在受控的条件和自由思考的环境中，团队通过诸如"我们可能如何"这样的问题来处理问题。大家产生大量的想法，并将它们联系起来，目的在于找到潜在的解决方案。在头脑风暴期间，除了批评之外，成员之间不应有所保留。即便是不可行的想法也可以引发更多可行的解决方案，但如果你从一开始就自我否决每一个不可行的想法，团队就永远无法达到目的。

头脑风暴的关键原则之一是不要自我判断，当我们探索解决方案空间时，我们首先会扩大搜索范围，并产生很多可能性，包括各种天马行空的想法。如果我们一开始就将这些想法扼杀在摇篮中，就无法发展出任何有创意的解决方案了。就"好厨房"而言，设计师为厨房员工设计了新制服。制服不会直接影响厨师的能力或食物的味道。为什么还要做？在对厨房员工进行采访中，设计师们意识到员工士气低落，一部分原因是员工对日复一日地准备同一道菜品感到厌倦，另一部分原因则是他们的这份职业并未得到应有的尊重和社会地位。具有专业厨师风格的新制服给厨师们带来了更大的自豪感。当然，这只是解决方案的一部分，但如果这个想法一开始就被彻底否认，或者甚至没有被团队成员提出,那么公司就会错过解决方案的一个重要方面。

在第三阶段,问题已经被定义下来,团队通过访谈完成了用户数据收集。大家在头脑风暴中提出了各种各样的想法,并通过团队合作,将这些想法逐步明确。接下来我们不能仅仅通过思考一系列想法、要点和草图来制订一个好的解决方案,我们需要通过建模和原型设计探索潜在的解决方案。团队通过设计、建造、测试并不断重复,这种设计迭代过程对有效的设计思维至关重要。

重复这个原型设计、测试和收集用户反馈的循环对于确保设计是否正确至关重要。也就是说,经过几次迭代,我们可能会得到一些真正有效的解决方案。但当此原型与真正的客户进行互动时,我们通常会发现,起初被认为是很好的解决方案,实际上只是刚刚及格甚至是糟糕的。但是通过多次迭代和完善,就能让它成为一个更好的方案。

最后,将方案付诸实现。在此之前所有步骤的目标都是在开始执行设计之前找到最好的解决方案。团队将在这个阶段投入大部分时间、金钱和精力,使方案实体化。

设计思维的方法很容易上手,但熟练运用则需要不断努力。例如,当你试图理解一个问题时,抛开自己的先入之见是至关重要的,但这很难做到。许多人对于开发可能性解决方案中必要的创造性头脑风暴做得不是特别好。在设计思维的整个过程中,参与定位问题、分析、原型创建和测试,并真正从这些迭代中学习至关重要。一旦掌握了设计思维方法的核心技能,它们将能解决日常生活和任何行业的问题。

## 一、不同类别的设计思维框架

### (一)人性化设计思维框架

作为1991年创立的全球设计和创新机构某知名公司一直深耕于以人性化设计方法进行创新的领域。人性化设计将用户需求置于技术或其他因素之上。该公司以人性化设计为原则开发了改变世界的产品,比如世界上第一台笔记本电脑,以及为医疗保健、政府和教育部门进行的复杂系统设计改进。该公司将行为和个性设计到产品中,把设计师看作是思考者,针对某一个问题,以创造性设计思维,发现前所未有的解决方案。

该公司将"像设计师一样思考以改变组织开发产品、服务、流程和战略的方法"称为设计思维,它将人类的需求与可行性技术、可行性经济结合在一起。它还为那些没有接受过设计师培训的人提供创造性工具来应对各种挑战。设计思维的核心活动分为三个部分:①灵感。从问题分析中获得灵感,特别是从用户的愿望、渴求和未满足的需求中获得灵感。②构思。基于对问题的分析构建多重潜在的解决方案,并通过与用户一起测试和讨论潜在解决方案形成更加合适的最终解决方案或建议。③执行。将想法变成现实。这一步不代表结束,优秀的设计师应该不断地寻找新灵感、新想法,进一步完善自己的作品,使其更好地为终端用户服务。

1.设计思维框架的特征。

(1)从失败中学习:这种心态是关于从失败中学习的能力,并将失败作为改进实践的工具。设计始于未知的挑战,不要害怕失败,抓住每一个机会去尝试,从错误中成长。

(2)在原型中完善:设计思维是用原型进行实验的过程。设计师需要通过把一个想法变成现实来产生更好的理解和思考。只有通过构建和测试,你才能知道一个产品或服务是否有效。无论它是一个简单的纸板模型,还是一个复杂的数字模型,创建原型可以向团队或用户分享想法,并尽早获得反馈。

(3)对于创造的自信:这种心态是指有创造性的想法并具有把这些想法变成现实的信心。对创造的自信能让设计师相信自己的直觉,在解决方案的提出上取得飞跃性成果。

（4）同理心：同理心不仅是一种很好的技能，可以更好地理解你的客户，它还可以帮助你从他们的角度解决问题，并洞察设计过程。产品或服务的最终目的是帮助改善其他人的生活和体验，所以，始终需要设计师对世界抱有开放和理解的态度。

（5）乐观：设计思维被描述为天生的乐观主义思维。为了接受种种复杂的设计挑战，我们需要相信自己并抱有乐观主义的精神，以正面的态度寻求解决问题的方法。

（6）接受模棱两可：设计师的工作始于未知的问题。因此，模糊性在早期阶段一直存在，我们需要接受它，直到能够有创造性想法，并得到意想不到的解决方案。

（7）迭代：最后一个设计思维框架的特征是关于迭代。为了达成正确的解决方案，我们需要尽可能地获取客户的反馈，需要设计师通过不断改进和完善，才能产生更好的想法，更快地找到正确的解决方案。

2.设计思维过程。

设计思维具有激励（促使人们寻求解决方案的问题或机会）、想法（产生想法的过程）和实施（从项目走向市场的路径）。

三大元素。因此该设计思维过程可以划分为"聆听、创造、交付"三个阶段（图2-3），它所涵盖的内容与本文介绍的其他的思维进程基本相同。

**图2-3 设计思维过程**

（1）聆听：与其他设计思维过程的早期阶段相似，聆听阶段体现了设计师对用户的深入理解，以及定义团队试图解决的问题等内容。聆听的目的是对问题和背景进行充分分析，重新认识设计需要解决的问题。

在这一过程中,设计师需要整合能用于解决问题所需的综合知识,与相关人群进行接触,以了解设计挑战中更深层的人性,并参与一系列研究活动,以产生足够的洞察力,从而以提出某一种具体观点或讲述某一个故事的方式分析问题,为后期创造阶段提供前提。

(2)创造:这里的创造阶段涉及探索、实验和通过制作原型来进一步理解问题。它包括确定潜在的用户群体,与典型用户共同创造解决方案。这使得设计团队能够在早期设计阶段保持最高水平的同理心,并排除那些不合理的假设和想法。

在这一阶段,设计师需要以行动为导向,基于上一阶段的成果,与共同设计任务的参与者进行合作,保持敏锐、公正的态度,避免评判,创造切实可行的解决方案。

(3)交付:设计思维进程中的交付阶段以执行为导向,克服推出解决方案时可能存在的任何障碍,这对于成功完成设计的全过程至关重要。

### (二)人性化设计思维框架

国外某知名大学第一次提出了系统的设计思维理论。在过去的几年中,他们也在不断对其进行完善。"基于解决方案的原型"是该大学设计思维的核心,与上述的人性化设计思维类似。

1. 设计思维框架的特征。

该思维框架具有以下几个特征。

(1)展示代替讲述。和上述公司一样,该设计思维框架提倡设计师使用原型和真实模型来说明创意想法,以展示代替讲述是指通过使用体验、视觉效果和故事来传达想法。

(2)关注人类本身。同理心是另一个重要的心态。该框架提倡通过将研究对象作为设计师的关注点,由此开启新的想法,并将重点放在人类本身是完成设计思维的重要方面。

(3)清晰明了的想法。在设计思维过程中需要去掉一切不必要的因素,简单明了地解释设计师的想法,让他人快速理解,从而引发团队成员的下一步行动。

(4)创建原型。设计原型可以帮助我们学习和思考。原型并不总是在验证一个想法或获得正确解决方案,它也可以简单地帮助我们更好地理解一个想法。

(5)关注过程。在设计过程中的每一步都需要提前计划和安排,我们需要关注过程中需要完成的内容以及即将进行的内容。

(6)实践比理论更重要。设计是以实践为导向的行为,与其纸上谈兵,不如开始实践。实践能将想法变成现实,通过实践我们将对问题有更深刻的理解。

(7)团队合作。众人拾柴火焰高。优秀的设计师都明白团队合作的重要性。拥有各种背景和经验的人共同解决一个问题,能产生更加多面性的解决方案。

2.设计思维过程。

该大学的设计思维过程包含五个阶段:共情、定义、构思、原型和测试。这五个阶段不是具体的线性,而是不断循环的,如图2-4。

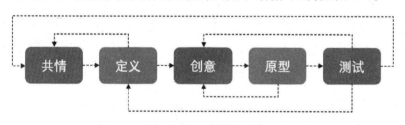

图2-4 设计思维过程

(1)共情。在第一阶段,设计师在理解需要解决的问题时具备同理心。这包括咨询专家通过观察、参与和共情来了解用户的经历和动机,或者让自己沉浸在用户的物理环境中,从而对问题产生更深入的个人理解。同理心对于人性化的设计或者设计思维至关重要,同理心允许设计师抛开自己对世界的假设,深入了解用户和他们的需求。在这一阶段设计师应该收集大量的信息,以供下一阶段使用,并尽可能地了解用户的情境、他们的需求以及在开发特定产品过程中可能存在的问题。

（2）定义。在定义阶段，共情阶段创建和收集的信息将被团队分析和综合，以定义迄今为止已经确定的核心问题。人性化是重要的指导方针，它将问题定义转化为问题陈述。我们在这一阶段应当将预期目的转为关于问题的说明。例如将"我们需要拓展5%的青少年的食品市场份额（目的）"换成"青少年需要吃营养的食物为了茁壮成长、健康成长"。定义问题将帮助团队中的设计师收集优秀的想法，以建立特征、功能和其他有助于解决问题的元素。在定义阶段，例如可以提"我们如何才能……鼓励十几岁的青少年做一件对他们有利的事，同时也与公司的食品或服务相关联？"的问题来寻找解决方案。

（3）创意。在设计思维过程的第三阶段，设计师准备产生想法。在前三个阶段，设计师已经了解了用户需求并分析和综合了用户数据，最终得出了以人为本的问题陈述。以上坚实的背景，让团队成员能跳出框框来思考，为主要问题找到新的解决方案，并寻找看待次要问题的方式。有数百种思维技巧，例如头脑风暴、脑力写作和最差创意法。头脑风暴和最差创意法通常用于激发自由思考和拓展问题空间。在本阶段初，应该产生尽可能多的想法或问题解决方案。在本阶段末，应该对这些想法进行调查和测试，这样就能找到解决问题的最佳方案。

（4）原型。设计团队通过制作简单模型对前一阶段产生的问题解决方案进行测试。原型也可以为团队内部、外部进行共享和测试提供便利。这是一个实验阶段，目的是为前三个阶段的每个问题确定最佳的解决方案。根据用户的体验，对原型逐一调查、接受、改进和检查，到本阶段结束时，设计团队将更好地了解产品固有的问题，以及真实用户与最终产品进行交互时的行为、思维和感受。

（5）测试。在这一阶段，设计师或评估人员使用上一阶段确定的最佳解决方案进行严格测试。这是5阶段模型的结束,但也是新一轮迭代的开始,测试阶段产生的结果通常用于重新定义问题,分析用户的理解、使用条件、人们的想法、行为和感受。在这个阶段,为了排除问题解决方案,应尽可能深入地理解产品及用户,对原型进行修改和改进。

## 二、人性化设计思维的原则

基于对以上两种主要设计思维的分析,我们可以发现设计思维的共性特征,人性化设计思维一共有以下六个共同原则。

### (一)以人为中心

这种设计思维模式是一切设计思考的重心都围绕人本身进行。在构思过程中,分析用户并理解他们的需求对于找到解决问题的正确方法非常有用。

### (二)跨学科和团队协作

创新是一种团队合作的结果。团队合作还应该跨越学科和领域的束缚,为设计面临的问题解锁提供全新、具有创造性的解决方案。

### (三)全面性和综合性

在设计思考过程中,我们需要具有全面和综合的眼光,将看似独立的想法或概念联系起来。通过着眼观察单个的部分来组成整体的画面,从而顾及设计的方方面面。

### (四)灵活性和适应性

灵活性和适应性是一种行之有效的心态,这种心态可以帮助我们从不同的角度分析和看待解决方案,并从真实的经验或模拟的现场得到更多的见解。

### (五)多渠道的沟通技巧

多渠道的沟通结合了书面、音频和视频形式,其目的在于有效传达一个想法或解决方案。以不同的方式进行思考,并利用所有可用的

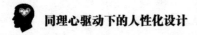

工具和方法是这种人性化设计思维模式的一部分。

### (六)开放的心态

开放的心态意味着不断适应变化。创新需要打破常规,以新的眼光看待问题。

上文中不论是某公司还是某大学设计思维中,同理心总是不断被提及,设计师通过理解用户获得了深刻的洞察力,为商业和社会带来可行性的行动。

人性化设计思维需要我们重新审视眼前的问题或挑战,并获得新鲜的视角,让我们能够更全面地看待解决方案。开放的心态鼓励多学科的团队合作,能利用具有不同背景的成员的技能、个性和思维方式来解决多方面的问题。开放的心态通过采用不同的思维方法来探索尽可能多的可能性,创造开放的思想空间,允许最大数量的想法和观点出现。团队通过聚合的思维方式来筛除不合理的想法和方案,结合洞察力形成更成熟的想法。人性化设计思维在早期阶段对选定的想法进行筛选,在实践中快速分析潜在的解决方案的可行性。基于以上方案的筛选,设计师确定产品原型,并通过各个阶段的迭代,重新审视方案,并在此过程中获得新的知识和见解,从而完善设计结果。这个过程一开始充满模糊和不确定性,在理想的可行性解决方案出现之前,我们始终需要保持开放的心态。

正如我们从定义和描述中所看到的,关于设计思维有不同的框架。虽然这些不同框架对阶段的描述不尽相同,但每个过程步骤或阶段基本都包含一个或多个设计思维的核心成分,其本质都体现了以上的六个原则。

### 三、人性化设计思维的实践过程

人性化设计思维的实践过程涉及四个连续工作阶段:分析使用环境、细化用户需求、设计解决方案和评估解决方案,如图2-5。

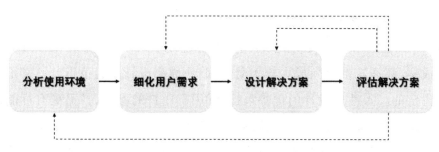

图2-5 人性化设计思维工作阶段

在设计过程的每个阶段,设计师都应关注用户及其需求。设计团队通过各种研究和技术让用户参与整个设计过程,为他们创造可用性和易用性的产品。设计师混合使用调查方法、工具(例如调查和访谈)和生成方法(例如头脑风暴)来理解用户需求。

人性化设计理论认为人的需求并非一成不变的,因此设计师的解决方案应该是迭代变化的。通常,每次迭代都涉及以上四个工作阶段。首先,作为团队中的设计师,我们试图理解用户可能使用的产品或者系统的环境。然后,瞄准和细化用户的需求,在接下来的设计阶段中设计团队开发出设计解决方案。最后,团队进入评估阶段,根据用户的背景和需求对结果进行评估,以测试设计的执行情况和效用。一旦设计解决方案开始实施,设计团队就会根据预期的目标衡量其有效性,然后根据测试结果对方案进行不断的调整和完善。这四个阶段会循环进行,直到评估结果达到令人满意的程度。

## 四、关于人性化设计思维的思考

在人性化的设计思维中,对用户、任务和环境的明确理解是开始一个项目的基础,其目的在于获取和处理整个用户体验数据。因此,对设计团队提出了多学科、多元化的要求。在团队中,应有除了设计师之外的具有人种学、心理学、软件和硬件工程等背景的成员——领域专家、利益相关方和用户本身。专家可以利用设计指南和相关行业标准对设计结果进行评估,但最为重要的是让用户参与评估并确保对用户使用的过程进行长期的回访和反馈。

对任何项目来说,如果将用户考虑进设计的环节都会增加额外的成本,那么花费时间成本与人交谈、制作原型设计是否值得? 答案是肯定的。人性化设计的优势包括:①因有用户的参与,产品更有可能满足用户的期望和要求,这就使最终生产的产品或服务在保证销售额的同时降低了后期售后的成本。②设计团队在考虑特定的环境和特定的任务的情况下为人们定制产品,会降低人为使用错误的高风险,这意味着产品是更加安全的。

在人性化设计中,设计师以局外人的视角观察用户,并主要通过提问来获得答案,然后与基于人体工程学、认知工程学和可用性评估等一系列"以专家为中心"的理论方法所获取的数据进行对照分析。根据相关学者的说法,那些借鉴人类学的方法只关注用户行为的共性而非个性。在此过程中,人类行为中最为核心的情感因素(用户的感知)容易被忽视。

比起专注于界面美学和设计本身,设计师需要理解用户的体验,并考虑到他们在与系统交互并对系统变化做出反应时的各种心理状态,在设计中把人放在第一位。

# 第四节 人性化设计的案例

人性化设计案例:国外某企业女孩就业计划

某国超过70%的家庭种植的粮食仅能维持生计,这意味着他们种植的粮食只能养活自己,无法满足来购买其他必需品的支出。因此,农业不被视为一种商业活动,而是女性承担的杂务。为了改变这一现状,该通过以下方式将当地女性与大众市场分销联系起来:通过招募年龄20岁左右女孩,企业提供土地并成立"女孩合作社",同时提供生活技能、商业基础和农业实践的培训,帮助她们与国内外客户建立联系。

该项目的目标是帮助公司通过市场营销提高品牌知名度和筹款,通过应用人性化设计来帮助公司在更大的范围内创造影响。

## 一、灵感阶段

团队没有对营销领域做出任何预先假设。反而,为了了解企业的具体需求,团队成员与该公司共同确定了以下调研内容,以更好地理解以下相关利益者的观点。

调研用户:公司领导

方法一:访谈

团队与行政领导进行了3次电话和视频通话,以了解公司的背景、他们的使命、他们的成功与困境。

方法二:问卷调查

团队通过设计一份4页的问卷,请行政领导填写,并将他们的回答记录下来供将来参考。

调研用户:当地员工

方法:小组访谈

团队组织当地员工在一个轻松随意的环境中对公司情况进行小组访谈,小组模式激发了一场非常生动且内容丰富的对话。在这里,团队收集了一些之前未发现的信息。

## 二、构思阶段

设计师与当地团队合作,提取所有有价值的信息,然后将其作为产生新想法的一种方式。为了缩小范围,设计师做了以下操作。

方法一:分类想法。团队对建议的策略进行分类,然后将它们呈现给相关利益者。

方法二:全面检查。设计师与各种利益相关方一起仔细检查了潜

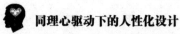 

在的想法,以确定哪些是现实的,哪些是我们已拥有的资源。例如,由于缺少设备(几个员工共用一台笔记本电脑)或时间限制,某些想法并不容易实现。

方法三:创造概念。当某些想法被认可,设计师就会将其记录在计划中。经过讨论,团队决定将注意力集中在社交媒体策略开发、内容创建、对当地工作人员进行上述能力的建设上(社交媒体规划和执行方面的培训)。

方法四:获得反馈。一旦确定了这些重点领域,设计师对所有策略进行测试,以获得反馈和确认。

方法五:整合反馈和迭代。在这个阶段,设计师利用反馈来反复调整计划。

### 三、实施阶段

方法一:持续迭代。在整个执行过程中,设计师会根据各种出现或发生的因素进行相应的调整。例如,组织领导决定,他们无法继续在现场提供指导和支持,设计团队马上调整了计划。

方法二:为项目配备人员。设计师创建了一个待办事项清单,并为每个活动分配工作人员。

方法三:路线图。为当地员工制订路线图,这样每个人都能了解时间表和任务。

方法四:测量与评价。在做项目的整个过程,设计师定期与工作人员一起检查,确认已完成的项目和未完成的项目;与利益相关方一起计划后续行动,以确定这种势头是否正确以及如何持续下去;在项目结束后,由员工主导的社交媒体和内容制作仍在继续。

在与该企业的项目中,采取人性化的设计方法,为本地团队提供平台、设备和技能培训的支持,从而让他们的想法变成现实。

# 第三章 同理心——人性化设计的新方向

## 第一节 同理心与人性化设计的关系

从历史发展的角度而言,人性化设计突破了以往的设计范式,将人或用户作为设计关注点,通过与用户的访谈和观察,理解他们的行为,从而发现设计的问题点。但在实际操作过程中,有学者发现人性化设计存在的两个缺陷:首先,人性化设计更多考虑的是人的行为,以及产生此种行为的外界因素,而作为驱动人类行为的情感因素(梦想、感觉、期待等)被忽略了;其次,由于人类本身是人性化设计的主要课题,对于用户行为的获取和分析成为整个设计流程的重点,而在设计研发的阶段,团队往往无法跳出用户数据构成的圈子,开发出具有革命性的创新产品。因此,人性化的设计为了修改这些缺陷,开始在其他领域搜寻解决方案,同理心由此被引入设计领域。

有关同理心的概念开始仅在有关美学的讨论中出现,但自从科学研究中发现了人体"镜像神经元",初次印证了同理心是人类本能之一以来,人们逐渐认识到同理心在人类社会的各个领域的重要作用。

同理心设计是将同理心概念引入设计领域而形成的一种设计理念,隶属于人性化设计方法的一个新分支;也有观点认为它是一种来自人性化设计学派下的参与式设计。从宏观的角度而言,同理心设计的理论与人性化设计哲学观点一脉相承，它们显然来自同一谱系。同理心为设计师及其团队搭建用户及其日常生活框架提供了创造性思路。同理心设计重在理解用户的需求和愿望，即使这些需求和愿望对用户来说是隐藏的或者无意识的。现有的人性化设计过程将用户的需求置于顶端，缺乏革命性或创新性。举个例子，平板电脑是否来自于一个以用户为中心的设计过程？当然不是。如果电子公司问人们想要什么类型的音乐播放器，不论答案是更小、更好、更简便操作的还是更便宜的，始终围绕着某一种音乐播放器展开。这是由于用户自身的限制性导致的结果。如果依照用户的回答来进行设计，就无法跳出原有的音乐播放器的限制。学者对人性化设计的批评主要集中在缺乏创新性上。作为一种设计研究方法，同理心能解决人性化设计实践中普遍存在的创新不足的问题。在20世纪90年代末，研究人员认为，未来将情境和情感因素带入设计领域是一种发展，设计师应该走进用户的生活，以获得用户的感受和体验要素，从而可以获得和定义用户的真正需求。同理心设计的研究目标不仅是想用户所想，更是挖掘用户深层次的体验，如直觉、感觉和梦想。通过选择典型用户并进行观察，获取更具有代表性的小数据而非大数据，从而分析出用户的真正需求。在相关书籍中，作者认为，小数据能提供适当的证据来证明我们是谁，以及我们究竟渴望什么。沉浸阶段在此过程中被认为能有效地转化同理心，从而为设计师所用。

有学者认为，为了更深入地了解用户，设计师需要将自己从局外人转变为解释者。这使得同理心在设计的模糊前端中具有极大的价值，弥补了人性化设计中对于相关利益者情感因素忽视的缺陷。

从设计的角度来看，同理心被认为是设计领域的一种重要品质，可以帮助设计师满足用户的需求。在新产品研发的早期阶段，当涉及定义设计问题和开发产品的概念时，同理心设计方法被认为是最有价值的。

# 第二节 同理心的基本概念

同理心也称共感或移情。某英语词典将同理心定义为理解和欣赏他人的感受、经历等的能力。国外某经济和社会理论家认为,"同理心是我们建立和促进文明社会生活的方式,是隐藏在人类历史背后的典型背景"。直到1909年,同理心才被正式收录在字典中。

基于该学家的同理心发展理论,同时也为了更好地理解同理心的内涵,本文将同理心的发展分为三个阶段来说明:①萌芽阶段;②形成阶段;③发展阶段。

**一、萌芽阶段**

同理心的前身是同情心,"同情心"这一概念在欧洲启蒙运动期间广为人知。当时,某经济学家认为同情是为他人的困境感到悲伤。在这一时期,尽管两者在概念之间存在明显的差异,但同情心概念的形成被认为是同理心概念的前身和萌芽。

从同情到共情,没有一个明确区分的门槛,它们属于一个不断积累、深入的情感过程。从图3-1中可以看到,同理心的范围包括可怜(怜悯)、同情和共情。从可怜(怜悯)到理解,代表着对他人状况理解程度的不断加深,从情感的程度来说是逐渐加强的。一端是可怜(怜悯)至同情的最不连贯和抽象的版本,另一端是共情(同情的更连贯和具象化的版本)。

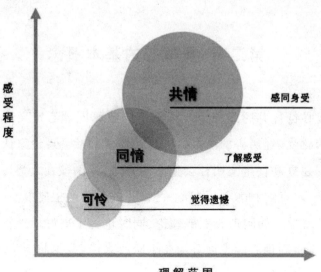

图3-1 同理心光谱

　　这两个词都包含了"同情、怜悯"之意。可怜（怜悯）指对弱者、不幸者所表示的怜惜之情，是从外人的角度对别人遭遇不幸的一种态度。在这一阶段，"我"是站在"别人"之外的，例如，我觉得他挺惨的。同情则是调动了"我"的相似感受而产生的情感，指由于"别人"与"我"志趣、看法上相同，将"我"的感受代入而产生的感情相投，是一种带有深深的恻隐之心的亲切之情。在这一阶段，强调共同分担，进而对某种经历或遭遇引起共鸣，"我"与"别人"产生了情感连接，"我"不再置身事外。例如，我对他动了恻隐之心。共情是对一个人的处境或健康状况的一种情感反应。当你试图理解特定个体的感受时，想象自己处于同样的情况下会怎样，从而在头脑中产生相同的情感。这意味着分享另一个人的情绪。在这一阶段中，"我"已经进入了"别人"的世界中，并产生了情绪上的紧密连接。设计师如果具有强烈的同理心，就会对用户的境遇产生深深的理解，将用户作为独立的行动者（这里的"行动者"指的是我们认识到用户有他们自己的目的和需要，他们的行为是为了满足他们想要完成的事情，而不是我们认为他们应该做或想要做的事情。因此,我们不会把我们的优先级或偏好强加给用户,这将是一种物化他们的行为,更具有同情的特征)。当我们理解他人的想法或感受时,我们会带着责任感或美好的愿望来帮助他人变得更好。

同情和共情是用来表达相同感觉的词。两者的共性都意味着关心除自己之外的人,在他人的情境中意识到自身的投射。同理心比同情心具有更广泛的意识范围。同情心承认或理解另一个人的情感困难,但同理心则超越了同情,是置身于他人的情境中体会他的全部感受,如同"穿进他人的鞋子里以达到感同身受的效果"。同理心是走出自己,用全新视野去看待世界的能力,是一种终极化的虚拟现实——就像爬进另一个人的头脑,从别人的眼中去体验世界。当你与他人共情时,你会有更多的动力去采取行动。你理解一个人的痛苦,并设身处地为他人着想。

表 3-1 显示了这两个词的异同,以一个在异国他乡生活的人的境遇为背景,将对其产生的共情(同理心)和同情(同情心)作比较。

表3-1 同情心与同理心的比较

| | | 共情(同理心) | 同情(同情心) |
|---|---|---|---|
| 差异 | 定义 | 理解他人的感受并对其产生共鸣 | 对别人的不幸感到怜悯和悲伤 |
| | 示例 | 在国外生活确实容易产生孤独感和挫折感,如果是我,也会这样想 | 在国外生活遇到这么多困难真可怜 |
| | 情绪活动 | 将自己放在你的情绪中 | 我为你的艰辛感到难过 |
| | 与他人情绪的感知程度 | 理解(更深入) | 知道(较浅) |
| | 与他人情绪的感知距离 | 代入(更近) | 旁观(更远) |
| | 与他人情绪的参与方式 | 积极 | 被动 |
| | 视角 | 私人的 | 大众的 |
| 共性 | 这两个词都被认为对人性至关重要;都意味着关心他人或承认"他人"中的"我" | | |

## 二、同理心含义

美学领域中同理心的原始含义是人们通过观察来理解,欣赏和共鸣某人之美的现象,并通过自我意识和自我反省进行自我认同。同理心是指人们步入另一个人的情绪状态,了解他人的内心世界。在这一点上,同理心是指一个人从他人的角度积极理解和分享除自身之外的感受。

## 三、发展阶段

神经科学领域中发现镜像神经元,成为认知神经科学的一大热点。镜像神经元系统区别于脑中一般的神经元网络,不仅储存特定的记忆,还储存特定的行为模式。这一存储让我们可以在看到其他人的某种行为动作时,自身可以如同镜子反射般做出同样的动作。镜像神经元在猴子、人类的大脑中都存在,不论是自己做出动作,还是看到别人做出同样的动作,都能激活这一神经元,这为我们理解他人行为和感受打下了天然的基础。镜像神经元的发现改变了人类对自身理解方式的认知,证明了感同身受即同理心是人类与生俱来的本能之一。随着21世纪全球化的到来,互联网的发展和环境问题层出不穷,人们变得越来越关注个人与他人之间,甚至整个人类与自然之间的关系。过去,人们不遗余力地提高时间效率,一心以谋求个人物质利益最大化为目的。但现在我们有更多的时间来培养同理心,加强与他人的联系,改善共同的生活环境。

# 第三节 同理心理论的发展

## 一、心理学中的同理心

同理心是指理解他人的经历,分享他人的感受和经历,心理学对这个概念从不同角度进行了讨论。

1.认知视角。部分学者采用理性主义研究方法,试图去除同理心中情绪化的因素。他们认为,同理心是人类大脑中已经存在的认知技能,必须在相应的文化环境中才能得以发挥。某国哲学家、心理学家声称,每个人都有能力理解他人的行为和意图。某国儿童心理学家也认为,儿童是在不断地提高理解他人感受能力的过程中才得以建立起社会关系。这种视角下,同理心是维持社会关系和增强个人自身利益的工具性概念。

2.情感视角。另一些学者则认为,同理心是用正确的情绪去回应他人状态的能力。另一方面,那些过度同情的人,最终可能会被与他人的关系和遭遇中感受到的负面情绪淹没。这些观点中将情绪或情绪状态作为关键要素。

3.第三种视角则是结合了以上两种观点而得出的。某国心理学家指出,同理心的内涵要深刻得多。他认为,当一个人站在别人的立场上,而不是站在自己的立场上时,同理心是一种赋权和回应的方式。在这个过程中,通过认知技能评估他人的现状,然后产生丰富的情感和感同身受的反应,以减轻他人的痛苦。

## 二、科学中的同理心

心理学则从认知和情感方面来理解同理心,而科学界试图从生物学的角度分析。国外某生物学家进一步指出,对生命的感情是人类的本性,人类天生具有与其他物种建立情感共鸣的遗传倾向和内在欲望,这一观点颠覆了人类数百年来对其他动物的看法。也就是说,从生物学上讲,人们天生就被赋予了同理心。国外某神经科学家和他的团队在90年代初发现了镜像神经元的存在。镜像神经元如同放置在人脑中的一面镜子,能够想象和重复他人的动作,从而体验到相应的情感。镜像神经元证明共同的感觉是人类与生俱来的本能之一。然而,早期的文献提到镜像神经元很少与人类灵性有关。这一发现更多地被应用到临床医学中为治疗相关神经系统疾病提供解决方案。直

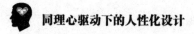 

到最近的研究,才将镜像神经元与人类的灵性联系在一起。

同理心也以直接的方式重塑了医学。国外某生物学家也认为,医学应该从"冷漠"转向"同理心"。他认为,同理心是对医生知识、医疗技术和其他医疗工具的有益补充。同理心在护理领域也起着重要作用。这是一种认知属性,包括理解病人的痛苦和处境的能力、更好地与患者沟通并提供帮助的意愿。在医学学术界,大量关于如何在护理中使用同理心的文献印证了同理心在医学领域的重要作用。

综上所述,同理心是人类中枢神经系统和人类自然能力的延伸,这使得同理心在不同领域的应用成为可能。

## 三、经济学中的同理心

国外某经济学家认为,在市场上将自身利益凌驾于他人之上是人的天性。然而,在第三次工业革命到第四次工业革命期间,随着全球化进程加快,互联网的发展催生了全球化网络和信息共享,使人们有了更为紧密的联系,更强烈的同理心和自我意识。现代经济活动已经变成了与志同道合的人的商业合作,这改变了其经济理论,即自己利润的建立是基于他人的损失之上的。这种思维方式使企业管理向新的同理心管理模式转变。

当人们开始与周围的世界有了同理心的连接,这意味着要培养换位思考的能力,或者想办法让别人也能看到自己。我们生活在一个技术和信息飞速发展的时代,但人与人之间的距离却比历史上其他任何时代都要疏远。同理心可以拉近生产者和消费者之间的联系,消除工业革命的隔阂。某企业家认为同理心是经理和领导者急需的"软技能"之一。

在公司之外,培养同理心可以帮助销售员向客户推销产品和服务。某知名企业家从不进行市场调查,他们走遍世界各地,观察人们做什么、想什么,从而做到设身处地为顾客着想。

国外某商学院教授,以其在创新和颠覆方面的研究而闻名,他认为弄清楚人们"雇佣"一种产品去完成某一项"工作"是很重要的,而这种"工作"可能与产品本身的功能不同。

同理心和智力并不是对立的。同理心可以用于预测竞争对手的想法;或者在与员工沟通时,理解对方的处境和观点,设身处地地为别人着想,可以更容易地在两种观点之间找到折中方案。同样地,思考其他人在工作中可能会喜欢怎样的待遇,可以让工作更有效率。因此,拥有同理心是商业领域必备的技能。我们身处在一个顾客不再被动的新时代,信息爆炸让客户想要的更多,要求得更高,知道得更广。同理心帮助设计师看到客户的世界,做出正确的情绪反应,让客户满意。

## 第四节 同理心在现代设计中的重要作用

近年来,设计开始对文化、对社会问题越来越关注,人们开始理解社会的基础,即社会关系的本质。尤其是设计师,他们意识到社交性在高影响力项目中所扮演的核心角色。学者注意到出现了一种特殊的服务配置,他们将其命名为关系服务,它需要密集的人际关系来操作,这些服务是基于面对面的人际接触。这意味着,在这些服务中,有必要主要考虑参与者的"存在",而不仅仅是在设计过程中执行了某一种"角色"。设计已经将其关注的范围从提供更有用、可用和可取的服务或产品,扩大到一个更具协作性、可持续性和创造性的社会和经济。鉴于现代设计的发展趋势,用户的地位变得非常重要。

现代设计需要以用户为中心。然而,一方面,用户引导市场的能力有限,往往受到自身经验和知识的限制;另一方面,用户是否真的知道自己想要什么?他们能完整地描述自己想要什么吗?这里就引出了两个问题:(1)如何定义用户需求,并确保这些需求不被用户自己发现。(2)设计师如何创造性地开发产品或服务?虽然用户可能从来没有想到

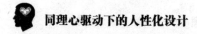 

这些需求,但它们实际上可以满足用户的需求。

针对这些问题,可以采用同理心设计的方法。同理心是一个心理学术语,通常被解释为"一个人感受到他人的感受、感知和想法的心理现象,也称为情绪转移或者共情"。共情是把自己放在他人的位置去体会对方的情绪(对方的感受、需求、痛苦等)的心理过程。在认知心理学中,同理心指的是一个人对另一个人的内心感受或经历的理性化理解,通常被称为"换位思考"。同理心在设计中的应用是将人性化作为前提的,其基本方法是观察用户如何观察、体验和感知产品、环境或服务,关注用户对产品的情感。同理心设计基于观察的方法,着重观察消费者在日常工作或生活中使用产品或服务的情况。在这种情况下,研究者可以获得其他调研方法无法获得的用户数据。

在产品开发/服务设计中,同理心为设计师提供了新的解决方案,而不是通用的设计方法。通过观察,我们弄清楚了我们需要了解的数据。同理心的应用,使人们联系在一起,我们能够发现在设计中更新的和更高的可能性。

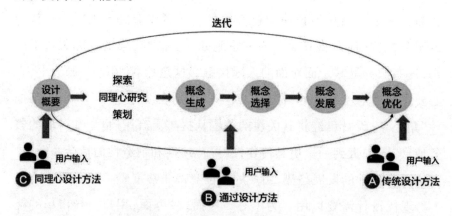

图3-2 同理心设计中的用户输入

通过同理心在设计中的应用,设计师可以利用情感的方法和工具,如视觉、口头、游戏和故事,关注非物质的感觉、情绪、梦想、恐惧和欲望,捕捉思维和视觉想象。这些方法和工具包括地图、绘图、三维模型、关系图、流程图、人种学和构建同理心模型。从概念引入到概念生成和概念优化,用户输入在不同的阶段起着不同的作用,而同理心在这个过程中起着重要的作用。在传统的设计方法中,用户输入总是发生在最后的概念优化阶段,如图3-2中的A。在以用户为中心的设计方法中,用户更多的参与到设计过程中,如图3-2中的B。事实上,用户非常重要,他们必须从头到尾参与到设计过程中,如图3-2中C所示。

在传统设计中,设计师可以想象多种类型用户的需求。虽然他们并不能代表"普通用户",但他们拥有训练有素的专业人士的广阔视野。同时,这种独特的设计过程加深了设计师对用户的理解。触觉、视觉和身体其他部位的感觉是一个循环的整体过程。从早期的手绘草图到高度逼真的模型,通过对这些解决方案的评估和测试,最初的想法逐渐成为现实,设计师创造了一个个新概念和新产品。然而,这一类以设计师为中心的设计过程,设计师并不能解决全部问题。例如年轻的设计师,如何能理解老年用户对于某个新产品的感受?设计需要将自己的想象力与对用户的理解结合起来,才能描绘出可行性方案。

如前两章所述,现代设计已经朝着体验化、情感化和以用户为中心的方向发展。人不是电脑程序,只能根据既定的模式使用物品。相反,人是变量极大的群体,他们通过操纵、思考和讨论等方式与产品互动,建立对产品的理解。这些理解与用户体验紧密相关。一旦我们学会从某个角度评估事物,新的想法、对话和评论就不仅仅关乎产品,而是反映了人们过去的经历和经验。在前文中我们知道,用户体验涉及诸多领域:社会学、心理学、市场营销和设计学等等。用户根据使用环境、先前的经验和当前的情绪状态来定义用户体验,但用户与产品的大多数交互都是自动的、流畅的,甚至是模式化的,更重要的是,这种体验是潜意识的。

如果我们想在技术层面上了解物体是如何参与我们的活动的,我们可以诸多定量的方法来获取客观数据。但是对于潜意识这种虚无缥缈的东西,我们如何获取呢?如果我们想了解产品是如何在精神层面影响我们的意识的,我们就需要了解人们是如何获得使用体验的。在传统方法中,设计基于理想场景中的理想用户。设计实践是一项团队活动,设计师通常依赖团队技能,如头脑风暴、六顶思考帽和未来实验室等方法,或者通过构建情绪板和情景脚本的方式来展望未来的新产品,但这些方法不适用于理解用户精神层面的体验信息,我们需要与用户共情,使用更复杂的设计方法,即基于用户在现实世界中的行为进行分析。最新的设计方法中还强调了观察用户的重要性。更有效的设计实践已经脱离了以设计师为中心的方法,而将重心转移到用户本身。在真实情况下研究真实用户(例如采访、深入用户生活或角色扮演),在做出设计决策之前对用户进行深入了解。用户和在他们日常生活场景中的关键人物都是研究的重点。在引入同理心概念的设计中,设计师需要沉浸在用户的角色中,并在这一基础之上发挥想象力。同理心不仅可以启发灵感,还能对用户产生深层的共情理解,平衡情感和理性。

在设计过程中引入同理心,可以有以下几个重要作用:

首先,同理心在产品开发环节至关重要。它并不是对所有设计问题的通用解决方法。产品的设计对象是他人,而非设计师本身。充分理解用户的视角在设计过程中的模糊前端非常有价值。在这个阶段,设计选项呈现出典型的开放性,为了获得有效依据来判定各种选择的可行性,以及产品开发的方向,理解用户的想法就变得非常重要。人们在不同情境下以不同的方式叙述、思考和感知不同的事物,基于同理心,设计师可以习得他人的体验和感受,完成新的设计。同理心能够提升设计师的洞察力,启发新的灵感,为陌生的用户创造更好的体验。

其次,同理心在设计过程中可以起到平衡主观和客观的作用。一个拥有同理心的设计师必然会深入理解用户的生活环境以及使用产品的情境。通过观察用户或者与用户交流,感知到人们的真实反应,不论是喜爱、厌恶、期待、失望等不同情绪,都能真实反映用户的情绪数据。在传统设计中,设计师的作用是旁观、分析和阐释,但多少存在着主观的偏向。另外,在同理心的设计中,用户通过提供照片、视觉日记或拼贴等形式参与到产品的设计中,这一也可以使设计师了解不同视角下的产品开发方向,这一切都能让整个设计过程达到主观和客观的完美平衡。

最后,同理心可以激发设计师的想象。同理心帮助设计师从多个角度探索人类行为和体验,打开固有的思路。同理心的应用,能够为设计师的想象打下良好且坚实的基础,让想象和创意不再是无源之水,无本之木,只有这样的创意才能满足用户的需求,帮助到真实的人,提升用户的使用体验。

# 第四章 同理心设计的相关理论

## 第一节 同理心设计的基本概念

### 一、同理心设计的背景

自从设计开始转向以用户为中心,如何理解用户引发了众多思考。与用户建立同理心的方法和工具越来越多地被应用于设计实践,如人性化设计、参与式设计和协同设计。设计实践开始从情感层面上识别用户的需求。从理性数据至上的思维模式到关注更情绪化体验的思维模式的转变,有助于我们更好地理解独特的用户特征,这些特征决定人们对产品的喜好、使用和期待。

20 世纪 90 年代末,许多公司开始意识到,只靠对客户的问卷调查不足以开发成功的产品。为了解决设计研究中利益相关方的情感和体验问题。同理心设计迅速发展,以响应用户体验下的人性化设计的要求。同理心让我们不再将人当作实验室的小白鼠,或以标准化和格式化来思考人类心理。与处理数字数据的市场研究不同,同理心设计不仅能满足用户的需求,更考虑他们未来的渴求,使用户的生活因此变得更幸福。同理心设计在新产品开发的早期模糊阶段,应满足用户的体验和用户需求,建立终端用户与产品之间紧密的情感连结。

当其他营销方法将产品及其销售放在高度优先的位置时,同理心设计将用户的最终需求和建立用户与产品之间的情感联系放在首位。从营销的角度而言,这也是同理心设计的营销目标。虽然设计师应该着眼于分析手头的问题或项目,但同理心设计方法更注重读懂现有的用户需求和无意识的潜藏需求。同理心设计与人性化设计密切相关,都不断思考如何挖掘用户需求。为了实现这一目标,相关学者在他们的研究"同理心设计,研究策略"中总结道,设计师应该首先提出三个主要问题。

1.说明原因——为什么我们要达到这个特定的目标?

2.如何实现——我们如何实现这一目标?

3.实现结果——实现这个目标后会造成什么样的结果?

同理心被视为理解他人经历和情绪的关键。因此,设计师需要关注自己的共情能力,解读他人的想法、感受和梦想,想象产品或服务所引发的体验。由此可见,将体验和情感转化为产品开发的因素已成为设计研究的重要特征。产品(指由产品开发团队设计,旨在提高他们识别和处理情感能力的人造物)的成功取决于我们在产品开发过程前期学会如何与产品使用者产生共鸣的程度。不论是产品开发团队的通力合作,还是与其他专业人士的沟通,挖掘真实的用户需求,了解情感数据,然后将其转化为切实的设计成果,在整个设计过程中至关重要。

在人性化设计的方法中,同理心被理解为设身处地地"感同身受",而不仅仅是置身事外的"感受"或"同情"。现代设计能形成由同理心为驱动的"战术"设计,从而引发新能量和新的乌托邦主义意识。因而,同理心在设计中逐渐起到至关重要的作用。

**二、同理心设计的概念**

厘清同理心设计的概念是更好地理解本章内容的第一步。同理心设计是利用心理学中同理心的模式,让设计师更接近用户(假定的、潜在的或未来的)的生活和体验的过程,以增加设计的产品或服务,满足用户需求的可能性的方法。

谁是同理心设计的参与者？同理心设计意味着人们从他们的立场被看到和被理解，因此用户不仅仅是测试的对象，而是有血有肉有感情的人。早期的观点认为终端用户是同理心设计的研究对象。通过了解终端用户、整合最终用户的内在需求，并满足他们的愿望为设计本身提供了新的竞争优势。但是，随着有关自闭症儿童的系列设计实验，相关学者认为照顾者，如父母、老师和治疗师，都应当囊括在产品使用环境因素中。这一观点后来得到了更多学者的支持，设计师或研究者同理心的范围已经从初期阶段的用户扩大为与产品有联系的所有利益相关方。因此，同理心设计涉及至少2—3个群体：用户/利益相关方，设计师和研究者（如图4-1所示）。

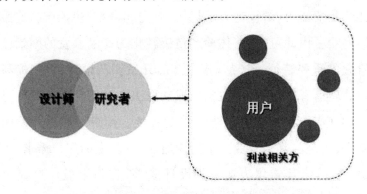

图4-1 同理心设计的对象

有关学者也重新定义了我们常用的用户概念：他们不仅包括终端使用者（即传统意义上的用户），还应将使用该类产品的相关的人，统称为"利益相关方"。当我们考虑特殊群体如残障人士或者婴幼儿用户时，产品的实际使用者就不仅是用户本身了，还有其他群体。以婴儿车为例，婴幼儿的照顾者，包括父母、祖父母、保姆等都是婴儿车重要的使用者，这些人群也是重要的研究对象，但传统"用户"的概念并不包含这些群体。因此，在设计研究中，将利益相关方作为对象是更加具有科学性的，同理心设计研究的目标范围更全面。

### 三、同理心设计的优势

同理心设计具有以下三大优势。

优势一：同理心设计能触发新产品创意的产生。

是什么因素驱动人们购买一种产品或服务？用户是否会按预期设计的时间和方式使用产品？答案是不确定的。在传统的以设计师或制造者为中心的开发环节中，产品的前期调查往往通过书面化的调查问卷获取相关数据，由于各种内外因素的影响，加上人们行为与语言的不一致性，人们无法正确表达出需求。有的企业干脆跳过用户调查，以开发人员的想法作为设计的重要依据。这一切都导致了一个产品或服务的开发建立在错误的需求之上。同理心设计则强调观察人们的实际行为，从中分析和提炼行为背后隐藏的关键因素，并将其作为设计开发的出发点。以世界某知名科技公司在20世纪90年代初对个人数字助理系列的研发为例。该公司与某软件公司联合生产了该系列产品，公司一直认为该产品中具有强大计算能力的电子表格软件是引发购买和使用的主要因素。但当研究人员对客户实际使用该产品的行为进行观察时，他们却意外发现用户认为从属于个人文档整理软件与电子表格软件同样重要，两者都是用户使用个人数字助理的重要触发因素。

某麦片品牌进入用户生活，经观察后发现，麦片圈的主要运用并非只是作为家庭早餐出现。父母更感兴趣的是它可以作为一种健康的零食，在任何时间、任何地点打包携带并分发给孩子们享用。

喷雾食用油的最初设计本来是减少烹饪时食用油的摄入量。但有调查人员发现用户将该产品用在割草机底部，原因是食用油可阻止割草机底部杂物的附着，但对草坪不造成任何伤害。这一发现成为完全出乎意料的触发点。

日本汽车制造商在南加利福尼亚州设立了一个设计工作室，因为那里的车主喜欢根据特定的需求改造汽车，不论是关于功能的（增加后备箱空间、更换大马力的发动机)还是造型的(特殊造型的车轮、个性化的汽车尾翼和车漆颜色)数据改变,都有助于汽车设计师预见潜在的未来车型发展趋势。

同理心设计通过观察用户的方法,集合了大众的智慧。在实际生活中,用户总会将几个现有产品组合起来解决生活中的问题,这不仅开发了传统产品的新用途,还突显了现有产品的缺点。例如一家著名的家用清洁剂设计团队,要求用户记录其产品在他们生活中的实际使用情况时,发现家庭主妇为去除特定的污渍而调制自己的清洁剂,比如清洗白色窗帘要用一杯小苏打加一杯洗衣液。无独有偶,在研究用户的移动通信需求的过程中,设计团队观察到,用户创造性地为亲朋好友提供了特殊的代码,以屏蔽不必要的干扰。这些用户的集体智慧向设计开发团队提供了全新的产品开发思路,例如在清洁剂中加入小苏打,或在手机上提供过滤功能。用户独出心裁的使用模式不仅可以提供产品创新和产品改善的机会,还可以开拓全新的市场。

优势二:同理心设计加强了设计师与用户环境的交互性。同理心设计加强了设计师与用户环境的交互性。产品或服务如何适应用户的个性化使用环境——无论是家庭式例行程序、办公室操作还是制造过程。个人理财软件包的产品开发商通过观察用户在自己家中最初使用该软件的体验过程,改进了很多关于产品包装、安装流程,以及软件的用户友好性的问题。这是在用户可用性实验室无法获取的信息。在利用同理心的设计方法时,团队可以观察到用户在家用电脑上启动该软件,了解该客户系统上运行的其他应用程序对该软件操作产生的正、负面影响。此外,产品开发人员还因此挖掘到用户对直接访问数据文件的强烈需求,甚至意外发现许多小微企业还利用此款软件来保存他们的账簿。正是通过这种带有同理心的设计方法,该公司的设计师与产品实际使用环境完成了交互,这些能帮助设计师理解实验室之外的意外数据,从而设计出更符合用户需要的产品,这使产品在市场中具有强大的竞争力。

同理心设计能从设计师的角度挖掘潜藏的用户需求。设计中应用同理心的最大的潜在好处，就是观察当前或潜在用户在产品或服务中遇到的潜在问题。对于用户而言，这些问题可能并不是问题，但有可能是用户未发现的产品需求。例如某科技公司的一名产品开发人员观察外科医生在手术室里利用电子产品进行手术时，发现外科医生需要一边观察病人，一边望向不远处屏幕显示的患处细节来确认准确的开刀位置。当护士在屏幕显示器前走动时，便会短暂地遮挡外科医生的视线，但大家对此情况习以为常，并没有人认为这对于该电子产品而言是一个问题。这促使设计师考虑制作一种轻型头盔，将图像悬挂在外科医生眼前的位置。这种改变能够大大提高医生的工作效率和手术准确性，但作为使用者的外科医生是无法想到的。日常生活中有大量潜藏的未被发现的需求，再比如某汽车设计人员在高速公路上开车时，他看到一对夫妇为了将刚买的沙发放进车里，正想尽办法把汽车后座椅拆下来。他们从来没有想过拆后座放沙发隐藏着后备箱空间无法灵活改变的问题，但设计师因此开发出解决方案。他们将新推出的汽车后排座椅设计为方便折叠并滑向一侧收纳的方式，从而轻松创造出灵活的收纳空间。

从以上分析来看，同理心设计通过观察用户在真实环境中使用产品和服务的方式，加强了设计师与用户环境的交互性，从设计师的角度挖掘潜藏的用户需求，最终触发新产品创意的产生，解决了人性化设计中的诸多短板。

# 第二节 同理心设计的相关理论

同理心设计在人性化设计中处于重要的地位。某设计公司在人性化设计工具包中提道,设计应提升到一个更广阔的视野,关注更多边缘的受众。他们对人性化设计的含义和过程做出了新的诠释,认为人性化设计应有三个重要组成部分:聆听、创造和交付。

第一阶段:聆听。你需要倾听人们想要什么,需要什么,他们的梦想和抱负是什么。设计师应该积极参与到这个阶段中,从而了解用户所需。

第二个阶段:创造。这一阶段因为主题和想法都聚集在一起,所以思维变得更加抽象。在这个阶段,通常涉及针对问题的讨论,大家将想法和故事放入某种有序的概念框架中,然后使用该框架将问题聚焦在一个更具体的位置。

最后一个阶段:交付。这是一个完全具体化的阶段,重点是交付已经开发的解决方案。这个阶段包括进一步的原型设计、成本和能力评估、实施计划,以及发布新产品。

在设计的最初环节,也是最重要环节中的聆听阶段,同理心设计是重要的议题。设计的创意不仅仅在设计团队中产生,而且是在整个设计过程中始终将用户需求居于首位。同理心设计把设计的对象从普通问题扩大到多变环境下的广泛问题。同理心设计实践需要团队的协作能力、开放思想、观察能力和好奇心。同理心是搭建在设计师和其他利益相关方之间的一座情感的桥梁,为人性化设计提供了更多、更深层的可能性。

### 一、同理心设计的特点

从设计过程的角度来看,它有两个特点。

1.同理心的能力对于设计师来说是可以通过训练来提升的。国外某大学自闭症研究中心的相关专家开发了同理心商数,通过一份包含60个条目的问卷(也有一份更短的,包含40个条目的版本),旨在衡量成年人的同理心。相关学者定义的同理心视界,使得同理心被量化成为了可能。某设计开发了相关的工具,例如"方法卡"(图4-2),用于帮助设计人员培养他们共情的能力。

**图4-2　方法卡**

2.同理心的程度受到设计师和用户之间接触程度的影响。在比较了不同群体的实验数据后,研究者发现,相比较依靠预收集用户数据的间接接触,如:照片、访谈文字和视频资料等,与用户的直接接触过程能够更好地引发设计者的同理心。因此,同理心设计在工业环境中的成功在很大程度上取决于我们的同理心程度。

3.某哲学词典解释说,"同理心"有三个基本含义:①有意识或无意识地模仿一个人的情绪表达;②模仿他人注意力的原因;③有意识或无意识的角色模仿。设计领域的"同理心"是指第三类,即对他人处境的想象力或创造性重建。设计师作为共情生成器,不仅在设计过程中扮演着积极的角色,还引导其他团队成员共情。与传统的设计过程相反,设计师试图与用户产生共鸣,理解他们的体验,然后创造产品或服务,同理心设计过程要求设计师在不同的用户群体之间创造同理

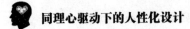 

心。设计师需要意识到个人偏见对同理心的影响,在建立与用户的情感连接和展示同理心的真正力量方面发挥积极作用。

## 二、同理心设计在设计研究中的定位

同理心设计经常出现在不同的领域,如人性化设计、协同设计、参与式设计、情感化设计等。为了更深入地了解同理心设计的本质,相关专家在2008年为用户研究创建了一个设计地形图,解释了同理心设计在设计研究中的定位。从图4-3这张地形图中,我们可以更好地理解同理心设计与其他设计方法之间的关系。

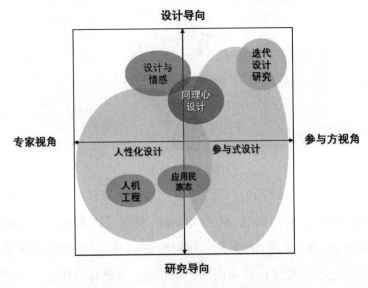

图4-3　同理心设计的学科地形图

这张图显示了由纵、横两个轴构成的维度:水平维度为用户在设计中的位置,垂直维度为设计研究的方法。

水平维度轴描述了用户在设计过程中扮演怎样的角色。轴两端分别为用户作为被研究的对象(低参与度)和用户作为参与者(高参与度)的情况。在轴两端,它将用户和利益相关方的立场分为"被研究的主体"和"参与者"两种。在同理心设计中,用户和利益相关方被视为积极参与新产品研发过程的合作伙伴,设计师在建立同理心(地形图中的"设计与情感"的重叠部分）的基础上,通过建立个人洞察力和创造力来设想产品的未来。

从垂直维度来看,轴两端分别为以研究为驱动的方法和以设计为驱动的方法。以研究为驱动的方法主要讨论如何理解用户/利益相关方的过去及现状,从而构建相关的理论,例如人为因素的方法和应用民族志。而以设计驱动的方法设计通常侧重于理解用户的体验,与轴的另一端致力于构建关于人与环境之间关系的最终真相不同,它更多的是考虑设计的实践。从这一轴向分布来看,同理心设计属于用户高参与度、以设计实践为主导的设计方法。

# 第三节 同理心设计的构成要素

## 一、同理心要素与设计要素

设计思维利用了我们所有人都与生俱来的能力,而这些能力以往被传统的解决问题的方式忽视了。它超越了以人为中心的概念——它是人性本身的折射。设计思想家需要同理心、综合思维、乐观主义、实验主义和协作精神。一个成功设计的三大要素是洞察力、观察力和同理心。我们可以利用同理心和洞察力来体验并进行创造。

同理心是进入他人的处境后深层的情感共鸣。从根本上来说这是一种人类的心理活动,为了更好地理解设计中同理心是如何实施的,我们有必要了解心理学中同理心的产生过程。

心理学领域中有关同理心的产生过程主要有三种观点,分别是斯汀、瑞克和罗杰斯的三种同理心模型,这三种模型将同理心过程描述为主体进入对方世界的过程（表4-1）。基于这三个模型进行总结分析,可以将同理心的实施流程划分为三个阶段,分别是:①接触阶段;②连接阶段;③深入了解阶段。

表4-1　同理心的产生过程

| | 斯汀(1917) | 瑞克(1949) | 罗杰斯(1975) | 本文 |
|---|---|---|---|---|
| 第一阶段 | 唤起经验 | 认同 | 进入他人生活 | 接触 |
| 第二阶段 | 填充解释 | 整合 | 沉浸他人世界 | 连接 |
| 第三阶段 | 全面客观化 | 映射 | 巩固所想所获 | 深入 |
| | | 脱离 | | |

在第一阶段中,主体在没有任何偏见的情况下与对方的世界进行接触,并了解其生活环境,生活条件和世界观。

然后通过深入的沟通,设计师们将自己置身于对方生活中,读懂对方内心的想法和情感信息,从而与之建立同理心或达成同步。在前一阶段已建立的平台上实现理解对方内心情感的目标,进行情感数据的收集。

在最后一个阶段中,基于前几步从对方世界中获取的情感数据,研究人员/设计师可以深刻理解研究对象的情感世界。届时,同理心的整个产生过程便完成了。

**二、同理心设计流程要素**

理解了心理学中同理心的产生过程,那么,同理心是如何在设计思维过程中得以应用的呢？我们首先需要知道设计实践本身的流程。

图4-4为英国设计协会的设计流程模型,由于该模型的形态特征像两个并排的钻石,因此也被称为双钻模型。双钻模型是由英国设计协会在2005年根据对11家跨国公司的设计部门收集的案例进行总结得出的学术性方法论,用于解释设计的流程,在此流程模型中确定并描述了设计的各个阶段。在模型中两个相邻的菱形上呈现了四个主要阶段,正如双钻模型的第一个钻石所示,问题定位和问题阐述同样重要。这四个阶段中的每一个都具有收敛或发散思维的特点。这些阶段如下：

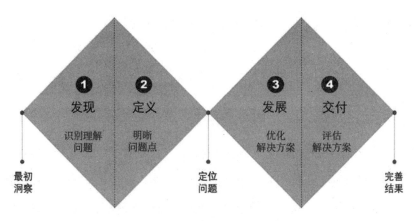

图4-4 设计双钻模型

1.发现阶段——识别、研究和理解最初的问题。在此阶段中,通过对研究对象和问题进行头脑风暴,从图书中、网上或是从调查问卷的结论和建议等所有和主题相关的词、句中,获取与主题相关的信息,目的在于更好地理解主题,为后期的问题识别定位做准备。通常大多数项目的起点是一个初步的想法或灵感。发现阶段的特点是发散思维,这是一个团队找到解决方案、提出众多想法的基础。然后在对用户需求、市场数据、趋势和其他信息来源进行研究和分析的基础上,提出本项目需要解决的核心问题或研究假设。在此阶段,相关的设计方法有思维导图、大趋势分析等。

2.定义阶段——明确需要解决的问题点。此阶段是对某一个问题进行解释和抉择。通过设计师的判断与分析,对发现阶段的结果进行分析和细化,从而形成解决方案的框架和定位。

在第一阶段中,一个团队应该保持广阔的视角。通过发散性思维来确定一个问题,了解用户的需求并抓住机会,从而完成对新产品或服务的开发。

而定义阶段的特点是思维的聚拢。在发现阶段确定的想法或方向的组合被分析和综合成一个囊括有关新产品或者服务开发的文字化概要。这一阶段的重要活动有,前期构想与项目开发、项目管理、项

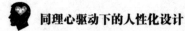 

目谈判与审批。由此可以看出,在第一阶段中团队的思维可以是不受限制的,但到了第二阶段,就要根据充足的理由做出筛选,并确定几个大的方向。此阶段中可以用到的研究方法有聚类分析、行动无模型、态势分析法、挑战地图等。

3.发展阶段——根据定义阶段明晰的问题点,通过模型制作、尝试等形式,提出一个解决方案并进行优化。这一阶段,设计团队将想法转化为特定的产品或体验。在发展阶段,项目被批准进行进一步的开发。团队对某一个或多个概念进行细化,用于解决在前两个阶段遗留的问题,从而满足用户需求。这一阶段的重要活动有:跨学科和外部合作、开发方法和测试。这一阶段可利用的设计方法包括:头脑风暴、可视化、原型设计、测试和场景开发。这些方法类似于第二阶段的方法,但更侧重于实践。

4.交付阶段——测试和评估解决方案,为后期生产和发布做准备。此阶段团队需要决定通过何种方式来展现解决方案,例如是单个产品,还是一个空间或者某种行为。简而言之,就是提供一个设计师与用户进行互动的媒介,从而对产品进行测试和评估。这一阶段是围绕最终的目标进行的测试、生产和发布。在此阶段,为解决特定问题而开发的产品或服务全部完成。这一阶段的重要活动有最终测试、批准、发布和评估,使用的方法有:用户测试、创新矩阵、概念聚类、规划原型流程和服务蓝图等。

该模型是两个相邻的菱形(钻石)上呈现出四个主要阶段。正如双钻模型的第一个钻石所示,问题定义和问题解决同样重要。从这个角度来说,该流程可以如图4-5所示,将设计的过程分为问题定位阶段:问题识别阶段和问题解决阶段。按照这种划分方法,同理心设计在问题定位阶段更能发挥作用。

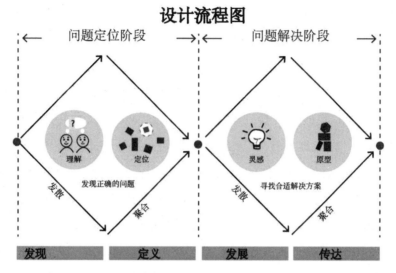

图4-5 设计流程图

### 三、同理心设计要素和步骤

当同理心的概念被引入设计学科后,设计的流程和要素又发生了哪些变化呢?我们可以从不同研究者的研究成果中发现同理心设计的流程和步骤。下表4-2显示了有关同理心设计过程的研究。

表4-2 同理心设计流程的不同理论

| 步骤1 | 步骤2 | 步骤3 | 步骤4 | 步骤5 | 步骤6 |
| --- | --- | --- | --- | --- | --- |
| 观察 | 捕获数据 | 思考分析 | 头脑风暴 | 开发原型 | / |
| 发现 | 沉浸 | 连接 | 分离 | / | / |
| 识别问题 | 进入观察环境 | 建立和维护关系 | 观察收集信息 | 勾勒使用行为 | 描述现象 |
| 共情 | 定义 | 创意 | 原型 | 测试 | / |
| 定义问题 | 识别共情缺口 | 阐述共情缺口 | 设计干预 | 寻求共情点 | 衡量结果 |

1997年,最早公开发表有关同理心设计理论的论文《通过同理心设计激发创新》中提到同理心设计实践过程的系统化五个阶段,分别为"观察—捕获数据—思考分析—头脑风暴—开发原型"。

第一阶段:观察。在这一阶段中,关键要问三个问题:①应该观察

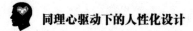

谁？②谁应该观察？③应该观察什么？这一阶段最好是由拥有不同背景的两个以上的观察者一起进行，这能够消除某一个观察者的先入之见，以达到公平的效果。

第二阶段：捕获数据。记录观察结果能方便数据的共享并带来新的视角，而那些最初观察到的结果，可以方便用户回顾并寻找可能错过的细节。在实地考察中，观察员应该问一些开放式的问题，比如"你为什么要这么做？"或"你的想法和感受是什么？"观察员也应该挖掘分析行为背后的原因和意义，因为人们经常误解自己行为产生的原因。正如有关学者所说，在整个过程中，要像对待产品开发伙伴一样对待你的用户。

第三阶段：思考分析。在实地观察完成后，团队应该与没有参与观察的成员分享数据，并通过相互提问的方式对话。在整个对话中，目标是确切地理解客户内心想要和需要什么，这些有可能是用户还没有意识到的潜在需求。

第四阶段：头脑风暴。头脑风暴是一种收集海量想法的有用方式。在这一过程中，需要注意的是，不要在正式方案产生前对任何想法进行评判，团队成员应当鼓励对方尽可能多地说出各种想法，然后在评估阶段对各种想法进行讨论。知名设计公司关于头脑风暴的5条规则（后来更新为7条）是：①不要急着判断；②鼓励疯狂的想法；③以他人的想法为基础进行思考；④紧密围绕主题；⑤每人一次说出一个；⑥将想法视觉化；⑦将想法量化。

第五阶段：开发原型。在对头脑风暴的想法进行评估，大家就一个（或多个）概念达成一致后，构建一个原型。这个原型应完成以下三个目标：①原型是开发团队开发的新产品或服务等抽象思维的实体化形式；②原型能方便地向设计团队之外的人展示其设计概念；③原型应是具体可见的，能激发潜在客户的反馈和讨论。

原型可能会得到改进和升级，也可能被丢弃。这个过程会一直持续到最终产品准备上市为止。

这五个阶段的初代同理心设计实践过程在应用过程中不断被完善。相关学者在2009年站在设计师视角提出了同理心设计的四个阶段：发现—沉浸—连接—分离。

第一阶段：发现。与用户进行第一次接触，激发设计师的好奇心，激发设计师探索和发现用户、自己的处境和体验的意愿。

第二阶段：沉浸。以用户为参考点，在用户的世界里徜徉。设计师需扩展对用户的了解，不加评判地沉浸其中。

第三阶段：连接。设计师通过回忆自己的感受与用户建立情感上的联系，并与用户的体验产生共鸣。

第四阶段：分离。设计师离开用户的世界，从用户的角度进行设计。通过退后一步进行反思，设计师可以将新的见解运用到构思中。在这个阶段，情感和认知成分都很重要，情感是为了理解感受，认知是为了理解意义。

2012年陆定邦等人在这两种过程阶段的理论基础之上研究了一套新的六步骤的系统化同理心设计实践方法：识别问题—进入观察环境—建立和维护关系—观察收集信息—勾勒使用行为—描述现象。

随后，有关学者等人针对在复杂的社会问题中集体应用同理心，开发了一套包含六个阶段的同理心设计方法：定义问题—识别共情缺口—阐述共情缺口—设计干预—寻求共情接触点—衡量结果。

第一阶段：定义问题。我们需要确定要解决的核心问题。关于同理心的讨论常常是模糊、不明朗的。这一阶段能清晰地表述同理心的各个因素，以及同理心在解决核心问题上的潜在作用。

第二阶段：识别共情缺口。这一阶段中，设计团队需要找出关键问题中的共情缺口。同理心通常被认为是两个人对彼此的一种感觉。从集体的角度而言，不同的用户群体有不同的角色，重要的是要理解谁在给予共情，谁在接受共情，谁是观众。

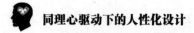

第三阶段：阐述共情缺口。在前一阶段明确共情缺口后，团队才能找到进行干预的杠杆点。这一阶段为填补共情缺口指明了可行的方向，确定可以通过哪些可操作的设计方法解决缺乏共情的问题。

第四阶段：设计干预。明确通过设计可以怎样解决上一阶段共情缺口中的诸多问题。

第五阶段：寻求共情接触点。在这一过程中，同理心与空间、系统之间的联系可以被映射出来。例如"在哪里已经存在同理心？"以及"在哪里需要构建同理心？"这一阶段的成功结果是既确定了现有的同理心接触点，也是确定新的接触点的机会。

第六阶段：衡量结果。这里是指测量同理心设计干预的结果。目前的同理心测量侧重于对个体共情，通常通过自我报告的问卷调查或神经学研究方法，但这两者都没有在设计的背景下进行应用。我们可以通过对干预措施进行原型化和验证的测量方法来完成结果的衡量。

国外某设计学院将同理心引入到设计思考的五个步骤中，形成了"共情—定义—创意—原型—测试"的设计流程，已逐渐成为当今设计研究领域流行的同理心实践方法。前文中已经讨论过设计思维与人性化设计的紧密关系，而作为人性化设计的重要分支，我们也应当从设计思维的角度来考虑同理心设计的流程。可以说，同理心是设计思维和用户体验的核心元素。与我们的最终用户感同身受，可以让我们了解我们的设计对象，并满足他们的需求。同理心是设计思维的第一阶段，它是设计解决方案和创造有意义的产品的基础，在设计思维的框架中具有重要意义。该学院有关设计的观点是设计思维也是同理心应用的主要领域之一。我们可以通过观察整个框架来探讨它的重要性。如图 4-6 所示设计思维共有五个阶段。每个阶段都依赖于前一个阶段，而"共情"则是这一构建的坚实基础。

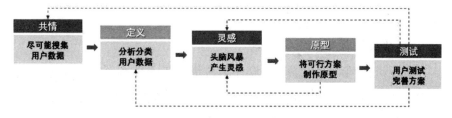

图4-6 同理心与设计思维

第一阶段：共情。通过共情产生对用户的同理心，同时收集尽可能多的关于用户需求和期望的第一手数据。

第二阶段：定义。整理共情阶段收集的信息。对其进行分析、研究和分类，从中提取有价值的见解。

第三阶段：创意。洞察上一阶段的数据信息，集思广益，想出尽可能多的解决方案。在这个阶段，数量胜过质量。我们需要对一切意见保持开放的态度，避免批评。

第四阶段：原型。筛选出在构思阶段产生的最佳想法。一旦做出选择，就着手开发一个最快、最便宜的解决方案原型。

第五阶段：测试。让用户体验设计的原型，并收集他们反馈的信息。一旦收集了足够多的数据，便对原型进行改善。在必要的情况下，这五个阶段是不断循环的，直到创造出一个满意的原型。

从以上分析来看，关于同理心在设计实践中的应用产生了多种多样的理论，不论是从同理心本身的角度还是从设计思维流程的角度，都为我们在设计中应用同理心提供了宝贵的参考。

## 第四节 同理心设计的基本原则

基于行业内对同理心的实践经验以及相关理论研究，本书将同理心设计实践中需要遵循的原则总结为以下四点：平衡感性与理性的关系、以设计师为同理心主体、将利益相关方纳为合作伙伴和建立多学科的团队。

## 一、平衡感性和理性的关系

为了进入科学研究阵营,设计学科借鉴人类学科的研究方法搭建学科基本框架,设计研究是客观、理性、严格且详细的。而作为以用户和利益相关方为重心的现代设计,属于人因要素的领域。如果仅用理性的方法(例如使用人类学方法)分析人们如何理解和使用产品,测量用户行为时并不关注情感和经验,会造成情感部分缺失,而这些情感和体验方面被忽视的部分恰恰构成了人类行为的重要方面。从另一个角度来说,如果将全部的注意力集中在体会情感和体验这些感性数据上,则会造成设计研究的不严谨和数据的不稳定,无法形成准确的产品问题点,影响后期设计流程,更会让设计过程变得难以操作。因此,在理解用户体验的过程中,我们应该平衡感性和理性的关系,既要注重用户的情感等感性因素,同时也应采用严谨的流程与工具,使用户数据更加科学可信。

## 二、以设计师为同理心主体

同理心是从自身的角度理解他人的能力,即"想人所想、感人所感"。在对不同群体的实验数据进行整合后,在与用户和利益相关方的直接接触过程中,设计师的意愿是引发同理心的关键因素。因此,同理心设计在工业领域的成功很大程度上取决于设计师与用户和利益相关方之间的共情程度。设计师与研究人员需要提高他们对同理心的需求,以便更好地理解和解释用户的想法、感受、梦想和未来使用产品的期待。在这一过程中,设计师是同理心的主体,同理心设计的重点是完成设计师对用户体验的共情。

## 三、将利益相关方纳为合作伙伴

在同理心设计实践的过程中,利益相关方和设计师之间的界限变得模糊,作为自己经验的专家,利益相关方在建立基于经验的创造性理解过程中起着至关重要的作用。利益相关方不仅是被观察者,也是同理心设计的重要组成部分。在许多的同理心设计实践中,利益相关方会参与到与项目相关的核心设计中,通过模型塑造的方法,直接向设计团队提出对产品的改善和期待,将语言数据变成实际的产品形态和细节。例如在关于老年人药品包装改良设计的项目中,受访者通过描述模型向团队展示理想中的药品包装模型。这种方式将利益相关方从以往的被动受访者转为了设计参与者和合作伙伴,有助于设计团队更好地理解他们的需求。

### 四、建立多学科的团队

解决老龄化、人与技术之间的关系、全球化等复杂的社会问题开始成为当今设计的主要议题。设计师和不同领域的人员之间的相互依存关系也在不断加深。社会科学家带来了收集并理解用户体验的研究技能和框架,商业的专家保证了最终方案的实施和落地,设计师则提供了将用户体验数据转化为解决方案或灵感所需的设计实践技能。每个领域的专家都在设计的全过程中发挥了重要的作用。同理心设计研究表明,各领域的小组成员和设计师要共同努力完成用户研究,以确保将用户视角纳入新产品开发的过程中。因此,多学科团队是实施同理心设计的另一个原则。

多学科是当今设计的热点。将不同学科以全新方式进行聚合是当今世界对设计类专家提出的全新要求,根据相关部门2010年有关设计教育的报告数据,商业、政策制订者和学术单位正逐渐在设计领域中起到革新、制造以及经济增长工具的作用。它们从两个方面与设计技能有机地结合到了一起:一种是提供新技术或新服务;另一种是提供引导革新的不同技能的人才。

当工业发生变化并相交之时,传统教育系统对培养适应工业发展所需的具有综合技能经验的人才显得越来越力不从心。这对于设计师而言是个挑战,更是一个机遇。除此之外,在当今各个行业的公司

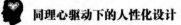

中,创造力、灵活性、适应性、沟通技能、谈判技能、管理技能以及领导技能已经越来越重要。这并不是说某一个具备多项技能的人就一定能在各种场合成为创新的专家,个人或团体不断从不同领域扩展知识,才能将创新变为可能。对设计领域来说,这意味着设计教育将会发生大的调整或变革,只有如此,设计师才能在交叉学科的大环境下更好地从事设计。这从一个方面印证了相关学者在1999年提出的有关设计必须采用现代的全新教育模式的理论。他认为,这种新学习模式基于现实生活和严谨理论。当今大学中随处可寻的旧学习模式主要是"柏拉图式"的,他们重视对某一种特定设计技能的打磨,却在知识领域鲜有贡献。新学习模式正好相反。在每一个学科领域的变革中,总有一个需要通过研究方法、方法论以及哲学融合发展,使学科基础完成创新性、合理化、科学化的转变。

纵观当代设计师参与的设计项目,我们发现许多设计师都已经有意识或无意识扮演了社会科学家和商业决策人的角色。设计师通过锁定问题、选定合适的目标、制订计划并提出解决方案的流程,解决了复杂的社会、政治和经济问题。在设计过程中,严谨的研究态度帮助设计师更好地理解问题,做出可靠的决策,从而做出更有效的设计方案。这一工作方式形成了设计思维。

相对于原先的定义,作为同理心设计重要支撑的设计思维也出现了新的形式。著名设计兼纽约咨询公司某博士认为,设计思维是一种在对新产品或服务设计的过程中,基于革新和研究之上解决问题的新方法。同时他也指出,革新不等同于创新,革新更多意味着一种新且独特的思维方式,即便它涉及已存在的问题。在这个技术高速更新的今天,对很多公司而言,基于同理心的设计思维已经成为从严酷竞争中脱颖而出的有利武器。他设计的重要客户,无不秉承这一原则。

虽然设计作为革新、商业成功和社会变革的重要引领者,将会在未来占有更多的比重,但我们无法忽略,它依然是一门新兴的学科,众多的设计人有责任站在思想家和咨询人的角度解决当代复杂的多面问题。然而这并非易事,一方面,其他许多学科都在宣称他们比设计师更能有效地解决复杂商业和社会问题,因为许多设计师并没有和其他学科一样拥有系统的研究和分析工具。另一方面,许多现代设计院校的设计课程依然沿用美术教育的模式,旧派设计师认为在设计学科进行革新没有必要。但不论如何,许多人并没有意识到设计是一个不断进化的领域,它极大程度上反映着整个社会的进步和变化。当社会大环境发生巨大的改变,设计也会发生相应的变化。因此,为了使设计学科不被社会所淘汰,设计师需要寻求一条与其他领域合作的途径。对于很多设计师而言,这就意味着要走出自己的舒适区域。走出这一步绝非易事,但这种全新的途径将有潜力改变传统设计的产出方式,将会制造出意义远超过单纯艺术类的结果,为现代社会、环境和经济的发展做出巨大的贡献。

当今社会对新一代设计师的基本要求不再是设计一种产品或者沟通服务,而是一种体系。对很多设计师而言,这就意味着从艺术类服务者到决策制定者、交叉学科的专业思想家的转变。要达到这一目的,设计师必须深刻理解人类的需求和行为,并形成全新的解决问题的能力。这就要求我们在设计教育和研究中探索交叉学科的模型,这种模型形成的两个关键因素分别是对具可操作性结果的渴求,对能引发新研究问题、方法交换和概念框架灵感的追寻。以下我将设计研究中交叉学科的种类整合为以下几个:

(1)跨学科设计:跨学科的研究要求在同一学科内用不同领域的知识进行合作。例如两个及多个学科领域的设计团队合作完成一个项目。某品牌手机就是在产品设计师与用户体验设计师/交互设计师的共同合作下完成新产品的研发的。其中一个团队参与设计手机外形,另一个设计手机界面,两者互为支持。

(2)多学科设计:多学科设计要求在同一个项目中两个及以上不

同学科的合作。例如为改善医院设施项目的设计团队中,团队可能由设计师和和执业医师组成。在这种情况下,团队双方通过交换各自学科的观点、互享知识和经验,从而共同合作完成项目。比如说,医生们能帮助设计师建立问题参数,抑或通过参与设计的全过程来提供关键的反馈。

(3)超学科设计:超学科设计要求"学科融合",即一种设计师"跨越"或者"超越"自身的学科准则,从其他学科中寻求合适的工作方式。这要求设计师具备足够丰富的知识,能用一种全新的创新方式在不同学科间实现跨越。此类方式是解决单学科途径下无法提供应对庞杂问题时最合适的方法。这种工作方式必须有大量研究方法、方法论知识储备和丰富经验作为强大的支撑。熟练运用这种超学科设计的设计师,不仅仅能在交叉学科团队工作,更能成为该团队的领导人物。

跨学科研究的优点十分明显,这里不再赘述。我们需要关注的是如何将其付诸实践。作为一种全新的观念,由于跨学科设计师需要具备比以往更大的知识储备,在实践中操作起来可谓困难重重。在实践阶段,设计师对其他学科知识的缺失、学科间不同的标准,个体对于研究方法之间的差异的把握,或者对该观点消极或持偏见的态度,都会成为设计师面临的种种难题。以上这些情况所反映的跨学科团队的问题可以归纳为以下四类冲突:

(1)定量与定性研究方法的冲突。定量研究方法通常是为了获得特定研究对象总体的统计结果,它一般是为了从总体上对特定研究对象得出统计结果而进行的研究方法。定性研究方法是指根据社会现象或事物的属性以及在运动中的矛盾变化,从事物的内在规律性来研究事物的方法或角度。它具有勘探、诊断和预测的特点。它不追求准确的结论,而只是理解问题,了解情况,得出感性的知识。

习惯研究某种特定话语的研究者,不擅长使用其他研究方法。比如在最初数据搜集的方法上就有显著差异。每个研究团体都认为在特定情况下,自己搜集数据的方式才是唯一合理的,习惯使用定量方法的人会抨击定性方法不够严谨,无法用大量数据来说话;而定性方法的拥护者又会觉得定量背后忽略了个性的差别。因此交叉学科的团队首先要解决的问题就是如何从研究对象的特点出发,而非以个人喜好为标准,让团队成员在数据收集方法上达到共识。

(2)闭合式与开放式研究方法的冲突。上文中收集数据的方式直接决定了研究自身的开放度。如果该研究是为了寻求解释特定事件的简明图形(比如一个变量组合),就需要用到闭合式的研究方法。反之,如果研究是为达到对一个现象的全面展现,那么就需要开放式的研究方法。这两种方法在特定情况下都是适用的:第一种适合探索不同变量之间有形、量化的相关性,第二种适合为多个新领域提供总体的描述。闭合式研究方法必须有研究者预想的分类作为前提,而开放式的研究方法正好相反,其分类是随着数据的分析而逐渐形成的。两种方式在不同情况下,都是有效的。但是,在一个跨学科研究中,在闭合式或开放式研究方法上达成共识却是一种挑战。

(3)客观性与主观性的冲突。一个开放式的研究方式可以看作是偏向主观的。与人类学家类似,设计师用自己的方式收集数据,并为研究过程或解读数据中出现的各种变量留有余地。从一个严谨量化的研究者角度而言,这会使数据的可信度变低,因此很难将这种研究者的个人观点看作是科学研究结论。这也让以主观性作为研究前提的定性研究者对此持怀疑态度。因而,在交叉学科合作中保持研究的主观性和客观性平衡也将有待解决。

(4)因果关系与描述性研究的冲突。描述性研究是着眼于对某个现象的客观描述。比如对特定人群的行为规律进行纪录的研究,或者对特定民族文化实践的研究。那么因果研究则是试图阐明那些激活特定行为的群集的具体联系和相互作用,尽管两者都有其重要性,但这两种科学话语常常无法达成一致。

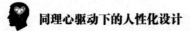

以上是交叉学科研究面临的主要挑战,其余的问题我们都可以归类为不同术语、相互矛盾的评价程序这几类之中。当然,在具体实践中也会出现许多潜在的困难。首先,交叉学科的团队在最开始就需要达成不同学科之间的知识共识。洞察各学科的方法论、理论和历史等,对理解和尊重不同学科的定位将是十分重要的。

和世间许多事情一样,研究受到外界力量和自身定位的影响,研究可以说是个人和学科之间的"博弈场"。在过去,某一些学科被看作是"主导学科",不是因为雄厚的资金支持就是依靠其学术地位,学科的界限取决于态度而非推理。由谁决定该做什么研究?这一问题最需要在跨学科研究团体里取得共识。这种共识也是研究领头人的工作重心,他们运用其对工作环境机动调整的能力,才能达到各学科之间的协同作用。

19世纪和20世纪早期,设计是用于使产品制造和交流更加吸引大众的工具与媒介,设计师希望产品更光鲜漂亮或者具有更好的功能。如今情况已经发生了转变,设计成为更广泛意义的战略资源,这是由于在设计领域引入了研究,是许多人将眼光从自身专业的小范围中超脱出来,对旧有的规则提出挑战而产生的必然结果。不管怎样,对于另一部分人来说,设计依然是一种"神奇的天赋",设计师能给以消费者为重心的市场提供创意的方案,有关设计工作的责任、义务和专业范围等问题还十分神秘,具有吸引力。

将设计看作一个已在满足不同需要的跨学科专业,设计师需要在多学科的团队中工作,并不断根据项目的特点进行调整。为了快速发展自身的专业,与团队成员更好合作,设计师将需要掌握更综合的技能。这意味着只有进行更多更广泛的学习才能不至于被淘汰。

20世纪和当今设计教育的区别在于,在后工业经济中,设计师必须建立一种基于构建策略模型、模拟、决策之上的理论和系统思维,用于取代陈旧的建立在常识、试错法、个人经验之上的旧有思维。因此,为了能在日益复杂的环境和当代经济中获得成功,也为了能提升总体技术水平,设计师需要掌握更多的新研究技巧,为设计学科建设添砖加瓦。

交叉学科研究有多种方式,从定量市场研究、用户访谈、实验性的设计分析到定性研究,它的优势在于能帮助设计师更好地理解现实中不可或缺的复杂现象、人、文化和信仰体系。交叉学科的存在意味着设计已经超越了诸如"项目制订"的狭隘目标,形成了更远大的整合设计和工业的见解。比如交叉学科研究可以推翻现有的理论,挖掘出潜在的商业发展机会。这种研究能为企业提供在单学科环境下不易被察觉的重要前沿方向。

如今数不清的非设计师出身的专家参与到属于设计领域的企业研究中,可以看到社会对掌握交叉学科研究技能的设计师的需求量十分巨大,世界著名的大企业已经开始雇用电子和软件工程及人类学、心理学专业的博士共同参与到未来产品研发、系统开发中,从而将其研究成果用于设计改进。设计师的工作只是整个进程的一个部分,这无疑是设计行业的低谷。

为了改变这种现状,设计师需要更明确、更高质量的教育和熟练掌握研究方法,因此,学校也急需能够教授研究方法、融合设计项目和策略的教师,以及在大学设计教育中设置相应的融合类课程。因此,让研究成为设计教育中的重要部分,对培养新一代具有改变设计现状的设计师十分有益,设计课程改变的循序渐进注定了设计界的变化也不可能一蹴而就,但通过设计教育,设计实践的革新则是必然的。

# 第五章 同理心设计的应用手册

## 第一节 同理心设计的应用流程分析

根据上章内容,目前的同理心设计实践主要遵循五个阶段:共情、定义、灵感、原型和测试。如表 5-1 所示,在这一过程中,用户与利益相关方参与了至少三个步骤——共情、定义和测试。共情是一个以人为中心的设计过程的关键平台和媒介,让设计师/研究人员得以洞察利益相关方的需求。从问题解决的角度来看,步骤 1~2 是问题识别阶段,步骤 3~5 是问题解决阶段。问题识别阶段是问题解决阶段的前提,在问题识别阶段中收集的数据可能会直接影响后期设计,因此以下内容重点讨论问题识别阶段中的同理心。

表5-1 同理心设计的参与方

| 步骤 | 设计过程 | 阶段 | 参与者 | |
|------|---------|------|---------------|----------------|
| | | | 用户和利益相关方 | 研究人员和设计师 |
| 步骤1 | 共情 | 问题识别阶段 | ● | ● |
| 步骤2 | 定义 | | ● | ● |
| 步骤3 | 灵感 | 问题解决阶段 | X | ● |
| 步骤4 | 原型 | | X | ● |
| 步骤5 | 测试 | 问题解决阶段 | ● | ● |

从上面的分析,我们可以发现用户和利益相关方以及设计、研究人员在问题识别阶段共同参与工作。研究人员/设计师试图在这个阶段从用户/利益相关方获得情感数据。因此,这是产生同理心的重要阶段。根据以往在心理学和设计研究领域的研究,同理心产生的整个过程开始于"接触",在"连接"时搭建桥梁,在"深入理解"时完成全过程。设计师/研究人员通过逐步进入用户的情感世界,达到理解用户的目的。

如图5-1所示,从过程来看,问题识别阶段的主要目的是获得用户的内部情感需求,它涉及对用户的调查,其数据直接决定了问题解决阶段的结果。而问题解决阶段设计师则脱离用户,通过设计思维的头脑风暴,将数据传输到特定的设计理念或原型中。从此,整个设计的模糊前端得以完成。设计师和研究人员试图通过与问题识别阶段中的用户和利益相关方的各种调查工具来定义与设计相关的问题,并提出相应的解决方案。错误地识别问题可能导致无效的设计结果,因此发掘内在、有效的问题尤为重要。因此,在问题识别阶段中定义问题的关键阶段,可能会影响整个设计过程。

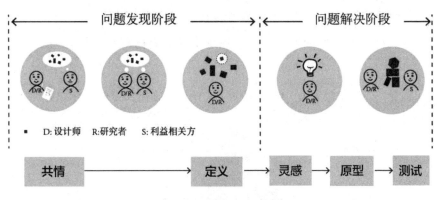

图5-1 同理心设计示意图

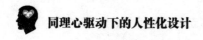

# 第二节 同理心下的人性化设计流程与框架

同理心在设计中是如此重要,那么在设计实践中如何操作呢?当开始具体设计时,设计师会发现与用户产生同理心非常具有挑战性。尤其,当多学科团队中只有一些设计师可以亲自与用户会面、协作和联系时,与用户进行深入共情后获取的数据将成为团队后期设计的唯一基础,所以如何更好地建立同理心,如何将相关数据准确无误地传递给团队是至关重要的。

## 一、同理心下的设计框架与工具

为了更清楚地了解与同理心相关的设计工具的特征,下面将比较传统设计工具和同理心设计工具。目前的设计研究侧重于用户体验。如图5-2所示,用户体验可以从三个角度来理解:语言数据(说)、行为数据(做)和情感数据(想)。传统的设计研究侧重于语言数据,试图通过在实验室观察中来理解用户/利益相关方在做什么,而同理心设计则关注更深层次的情感数据(思考)。同理心设计工具专注于检测用户直觉、感受和梦想,即了解人们如何在自己的思维中建立自己对于产品的感受。为了与用户/利益相关方产生共鸣,设计师/研究人员沉浸在他们深层的情感(感受、梦想和想象力)中,从而满足用户/利益相关方的需求。

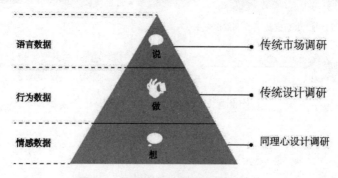

图5-2 同理心设计数据的获取方式

同理心设计的目标是增加设计师对用户/利益相关方的全面理解，包括用户/相关方利益的情感需求和使用背景，并完成更适合用户需求的设计方案，因此在研究的早期阶段是具有宝贵价值的。为了获得关于人们的想法、感受和梦想的数据，同理心设计的相关研究以获得用户/利益相关方的数据为目标，对传统的民族志方法、访谈或问卷进行许多讨论。然而，当我们重新审视设计生成的整个过程，就会发现团队使用设计思维发现问题并转化为解决方案的过程通常采用多种视角和丰富的图片数据。而传统的研究工具通常不是以设计，而是以社会学或商业学作为起点被开发出来的。实际上，并没有专门针对设计学特征的设计工具。那么，我们需要根据图5-3中显示的同理心设计中的数据转化过程作为依据，开发出适合设计师的人性化设计工具。前面提到，在问题阶段收集的数据由于直接影响后期解决方案的结果而显得尤其重要。从图中可以看出，同理心设计的整个过程就是两种转换的循环：角色转换和数据转换。

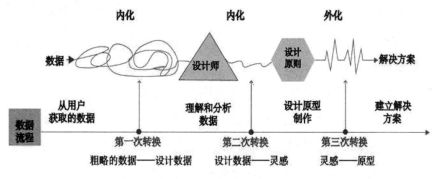

图5-3 同理心设计中的数据转换

**(一)角色的转换**

随着用户/利益相关方的需求和期望的不断变化，设计师面临着许多挑战，这对设计师情感社交和情感需求等能力也提出了要求。为了理解用户/利益相关方的需求，设计师将经历一次内在的改变，他们需要站在用户/利益相关方的位置进行深刻的思考和感受，这是一种以同理心为媒介,从设计师到用户/利益相关方的角色转换。相反,在这个过程中,用户/利益相关方是重要的资源提供者和共同创造者,他们提供了对产品和环境、创新和灵感的重要见解。同样,用户/利益相关方不仅是信息的提供者,也是设计过程和原型测试的参与者。这样就完成了从用户/利益相关方到设计师的角色转换。

### (二)数据转换

通过团队合作,深入了解用户情感,与其他专业人士沟通,不仅能引发用户真实的情感需求,还能将其转化为有形的设计成果,这在设计中是不可或缺的。丰富的认知和情感理解,以及将这种理解转化为以用户为中心的人性化产品和服务的能力是一种创造性思维的体现。有学者也强调,设计需要建立在对利益相关方的创造性理解之上,包括对设计和同理心的启发,或对用户的感觉。从数据获取开始,到建立解决方案结束,各种数据在设计师那里完成了三次转化。第一种转化是通过各种方法将原始的粗略数据转换为适合设计标准的分类数据。例如将搜集到的照片、音视频、文字文档进行筛选、分类和排序,摘出具有共性的典型数据,去除重复、与设计主题无关的数据,将数据按重要性进行排列,为后期设计方案的提出做好准备。第二个转化是利用设计思维将分类后的数据转为图像化的设计灵感。在第一个转化后,数据还是以图、文的形式存在的,它们并不能简单拼凑为设计提案。设计师需要利用同理心,将自己沉浸在用户的数据中,构建他们对用户的行为、情感的共情,结合对项目的理解、设计原则和丰富的设计知识,以图像化的方式思考解决方案,从而转化为设计灵感。最后一次数据转化是将抽象的设计灵感转化为实体化原型的具象数据。如果说第一、二次都是设计师对数据的内化,第三次转化可以称为设计思维数据的外化。基于上述观点,同理心设计的关键是通过三次数据转化中利用同理心创造性地理解数据。

基于语言和文本的数据,传统的非设计主导的调查工具(如问卷调查)的生成,需要在以后的设计过程(或数据转化)中进行"破译"。同理心设计的研究人员因此针对设计流程中的数据转化,以设计师为导向,设计了一系列视觉和图形工具,以便在设计过程中有效使用。同理心设计工具与传统工具之间有三个区别:①设计师为导向;②重视情感数据的分析;③将用户/利益相关方和设计师/研究人员紧密连接。同理心设计工具的三个主要要素可以总结如下:

1.直观的数据。在设计主导的前提下,同理心设计工具需要通过创造性的理解将从用户获取的无形的数据转化为有形的设计结果。它涉及问题识别阶段中数据的内化和问题解决阶段中数据的外化。问题识别阶段产生的数据为问题解决阶段的创造性生成结果提供了图像的直观数据,而产生共情的设计过程恰恰需要这种图像数据。同理心设计工具应该连接整个设计过程,因此在流程中的数据应该易于设计师理解,方便他们在方案设计的过程中将其转换为可视化想法。图像化、可视化的直观数据降低了转换难度,从而减少了数据转换中的损失。

2.深刻的情感体验。设计师应该深刻理解用户/利益相关方的情感需求(感觉、期待和梦想)和体验(需求、感受)。以获得情感信息为前提,沉浸在用户的情感中,是设计师获得创新和灵感的重要来源。此外,这应该是一个循序渐进的过程,以便更好地挖掘用户/利益相关方更深层次的情感需求。

3.身份的转换。同理心设计将用户/利益相关方和设计师/研究人员联系起来。它从用户/利益相关方的那里收集数据,而不是从实验室收集数据。人性化设计的前提是设计师需要建立一种同理心,该过程讨论了设计师/研究人员与用户之间的身份转换。设计师将自己置于用户/利益相关方的位置,以建立一种替代感。然而,同理心设计受到设计师同理心程度的影响,因此同理心设计工具应该刺激并建立设计师与用户的联系。该工具应方便设计师操作,以便在调研中让用户更好地表达其感受,并使用户/利益相关方能够参与初步设计并完成与设计师之间的交流。

## 二、同理心设计中的共情指标

相关学者人在针对自闭症的相关设计中提出了同理心信息模式（理论信息、视频和用户接触）。他们利用了四个共情指标：①语言共情表达（例如运用"我想/感觉/猜测用户想/感觉/想要……"之类的语言）；②自身经验（例如将用户的需求和经验与设计师的个人经验联系起来，或将其与自己认识的用户进行比较）；③质疑用户的需求和体验，而不是做出（错误的）假设（例如意识到自己缺乏同理心）；④讨论用户事实（例如花时间研究用户事实）。

还有一些学者们结合以上理论，形成了设计过程中同理心的分类。如图5-4所示，该分类坐标图由四个象限组成，分别来自不同的知识领域（如工程、人性化设计、咨询、社会心理学、哲学和神经心理学），纵向的两端分别为情感体验和认知过程，横向的两端为自我导向和他人导向。这个坐标图将同理心划分为四个类型，分别是：共情忧虑、共情关注、自我想象视角和他人想象视角。共情忧虑是指因用户的负面情绪、回忆或感受产生的同理心结果，这个类型在坐标中是自我导向和情感体验的交叉部分。共情关注是指对用户正面情绪或感受产生的同理心，该类型在坐标中是他人导向和情感体验的交叉部分。他人导向和认知过程的交叉部分，是他人想象视角，即想象他人的思维和感受是如何的。自我想象视角处在自我导向和认知过程的交叉部分，它是指想象自己代入对方的情境中会有怎样的感受。设计中同理心的发展可以看作是在这些同理心类型中的相互转换：情感体验导致同理心认知过程，反之亦然。

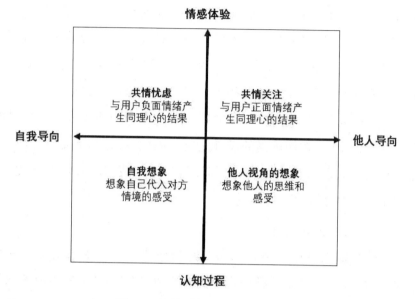

图5-4　设计过程中同理心的类型

### 三、影响设计师产生同理心的因素

基于以上关于设计中同理心的分类,我们可以将影响设计师行为的五个同理心因素归结为:情感兴趣、敏感度、自我意识、个人体验和混合视角。

#### (一)情感兴趣

当设计师关注用户的情感(和环境)时,设计中的"情感兴趣"就会出现,这是一种经过深思熟虑的认知选择。设计师了解用户的"动机"是有效开展同理心设计的一个关键因素。这种情感兴趣可以理解为设计师能够接受用户和环境的态度。通过多媒体研究等方式收集现有的用户信息(即他人的情感和需求),设计师可以想象他人的想法或感受。因此情感兴趣可以看作设计师在对用户进行共情时,对用户的情感和感受的研究、解释和想象。

#### (二)敏感度

设计中的"敏感度"通常出现在设计师与用户的接触中。该因素是同理心的重要指标,敏感度与"共情关注"明显相关。设计师在与用户打交道时,影响力和技巧很重要:首先,设计师在进行用户分析研究和构思时要考虑伦理方面的问题,要尊重用户,诚实对待他们的期望以及可能的设计点,并考虑哪些内容能够满足用户的需求;其次,设计师在用户研究的前期准备中,需要有意识地考虑与适当范围和数量的用户进行合作,并选择适当的设计工具。因此,设计师需要避免将人、经验甚至个人感知排除在外,时刻保持与用户情感的共情敏感度,这样才能更好地理解用户的感受。

### (三)独立的自我意识

当设计师想要理解和预测用户在当前或想象中未来情况下的情绪状态时,他们会建立一种假设。这意味着他们必须非常清楚各种偏见(例如先入为主和假设)和可能的预测。上述学者的共情指标都与承认和区分自我与他人的重要性息息相关。这个认知过程也可以理解为设计师想象如果他们是用户,他们将如何思考和感受。

虽然设计师在接近用户时应该有意识地站在中立、接受和开放的立场,但在开发工具或产生有意义的设计结果时,有意识地保持专业的态度也非常关键。因为无论是在设计成熟度还是个人特质方面,都需要自我意识的存在。设计师分析用户的事实和见解,并将这些分析直观地转化为想法和概念。解释和直觉显示了"自我"在理解和帮助"他人"上的重要性。这表明在设计过程中"自我"和"他人"很容易交织在一起。因此,对于设计师来说,正确区分自我意识(自己的行为、感知、感觉和情感)与用户(他人的行为、感知、感受和情感)的表现是非常重要的。

### (四)个人体验

个人体验在同理心设计的中非常重要。当设计师连接反思与他们自己相关的(积极和消极的)体验和情绪时,才能够更好地与用户建立信任感,从而进一步理解用户的情感。有意识地反思自己的体验对设计师来说有两种意义:首先,设计师在进行用户研究时,两者情感反应的共同体验会集中在自我身上,此时设计师的背景(性格、性别、国籍)和设计成熟度(态度、知识、技能、经验)都会影响设计中的同理心。其次,当设计师以第一视角看待和分享情感时,可以引发与用户的情感共鸣。在研究过程中,适当地向用户提及自己的相关经历和体验,有助于建立与用户之间的信任。当用户觉得设计师和他们有同样的感受时,会更加信任设计师。个人体验也能帮助设计师正确理解用户所说的话,更好理解话语间的隐含意思。

**(五)混合视角**

当团队中设计师们分别持有不同的观点时,就出现了"混合视角"。混合视角是一个认知过程,即设计师只想象自己或他人的想法和感受,情感共鸣和认知推理的结合可以增强共情的程度。由于共情是一种多方面的现象,它可以被描述为一组不同但相关联的情感和认知维度,因此,混合视角可以被视为两种或两种以上同理心因素混合的结果,但它也可以是一种独特的设计策略。混合视角可以提供对用户情感体验不同层次的理解,有助于设计师在设计过程中形成更为多层次和多角度的同理心。

# 第三节 同理心下的人性化设计方法与工具

理解了同理心产生的心理过程和影响因素,我们如何在具体设计实践中入手呢?这就需要借助同理心设计工具对用户进行观察并与他们进行互动。

同理心设计工具与人类学家使用的方法相似,他们都不再使用直接询问顾客需求或想法的传统方法,而是去自然生活环境中进行观察。在某种程度上,同理心设计工具借鉴了国外某生物学家等人的观点。为研究黑猩猩,她在自然环境中进行了多年的扩展观察。当然,在同理心设计工具中,我们需要观察和学习的是自然环境中的用户,一些公司已经开始聘请人类学家来完成对此类用户观察。

　　同理心设计工具消除了传统方法存在的许多问题,其中一些问题包括:①受访的用户倾向于给出对方预期的答案;②受访的用户倾向于取悦设计师;③设计师的偏见因素可能影响结果;④用户很难解释某些问题;⑤用户通常不知道他们想要什么;⑥用户觉得某产品或服务没有什么问题,导致他们不会考虑如何为设计师解决问题。

　　例如,在定量的问卷中,客户可能会说某种产品运行良好。但是,当在现实生活中观察时,人们可能会注意到,产品组装非常困难或者许多功能从未被使用过等问题。当消费者被问及各种各样的产品时,他们会认为这些问题与产品没有关系,可能只是人为导致的,因此不会提及这些问题。人们往往对当前的情况习以为常,即便在生活中有相应的实际需求,他们也不认为需要新的解决方案。

　　为了与我们的用户产生共鸣,洞察受访者的真实想法,我们需要利用同理心作为强大的情感工具完成实践。有很多建立同理心的技巧可以用来加深对用户的理解。设计学科的研究者发明了各种基于同理心设计的调查工具和方法。基于同理心的设计工具与传统的设计工具不同。传统的设计工具以设计师为中心,基于设计师及其团队的生活经验,借鉴科学研究的方法(例如早期从人体工程学中调查和测量)收集研究数据。这种基于大数据的研究方法具有全面、通用、适于满足工业大规模生产需要的优势。然而,当用户/利益相关方被视为一个整体时,详细的个性化情感细节数据被忽略了。同理心设计通过获取对行为特征、消费动机、心理、情感、认知期望等定性数据的分析,在实际情况中总结出典型用户,这是传统设计方法无法提供的更具体、更有效的设计信息。

下面将对几种常见的设计工具进行介绍和分析。

## 一、工具一:用户共情访谈

大致说来,一般的用户访谈可以分为结构化、半结构化和非结构化三大类。

### (一)结构化访谈(问卷调查、复选框调查)

这类访谈中的问题是被严格限定的,答案通常不是开放式的而是二元式的,例如在"是"与"否"或者"对"与"错"这些固定的答案中进行选择。该类的访谈也常常配合问卷等形式进行,用户一般围绕预先设定的问题进行回答。在此类的访谈中,采访者能够较好地控制访谈的内容和节奏。

### (二)半结构化访谈

指按照一个粗线条式的访谈提纲进行的非正式的访谈。设计是需要预先准备的具有开放性的问题,例如"对于某某问题你的看法是什么"等等。半结构化访谈一般在一定的主线和大致的结构框架下进行,相较结构化访谈有一定的灵活性。设计师可以根据交流的进度和内容延伸,或根据交流状态更换访谈问题的顺序。这类访谈通常用于验证某一种假设,或者深入理解某一个事实的细节等。

### (三)非结构化/深度访谈

该类访谈围绕相关的主题或粗略范围进行,几乎没有条条框框的限制,用户可以畅所欲言,通常不会被打断。它是一种深度、自由的访谈形式,是对被访者自身话语意义以及访谈场景意义的探究,它既是收集资料的过程,也是探究的过程。

在同理心的设计中,通常采用的是非结构化访谈的某些框架。它包含三个类别,分别是重点访谈、深度访谈和客观陈述式访谈。

### (四)重点访谈

重点访谈是指集中某一特定问题的访谈。所谓的重点,是指设计师所关注的内容的重点倾向。它通常是了解在特定情境下受访者对特定的刺激而产生的特殊反应,调查者从这些反应中获取信息,并以此为基础进行深入的分析。通过对该情境的主要因素、模式和条件的深入挖掘,设计师得出一些假设,并将这些假设作为访谈后期的重点,根据这些重点开始访谈,从而收集个人经历或特殊感受的信息。值得注意的是,重点访谈并不是完全无结构化的。虽然问卷或访谈提纲不是预先设定的,但访谈内容的主题和重点是已确定好的。在实际的访谈中,访谈者会预先设定一些有结构化或开放的问题,访谈对象根据这些问题自由地陈述自己的经历和感受。设计师可以根据情况随时提出新的问题,调整预先设定的问题,从而获得大量事先没有预料到的新信息。此类访谈适合于调查人们因某一特定经历而引起的态度变化,但这种方法需要访谈者具备高超的技巧和想象力等综合素质。此外,收集的数据不是基于某种标准得来的,因此无法用定量的方式来分析和解释。

### (五)深度访谈

深度访谈,又称临床访谈,是一种收集个人特定经历、动机和情感信息的访谈,它被广泛用于深入调查普通个体的生活模式以及他们的行为、动机和态度。深度访谈类似于重点访谈,具有灵活开放的特点,但在访谈之前设计师会选择一些重点问题作为访谈的大致方向。

在深度访谈中,往往会出现意想不到的信息,访谈者可以充分交流和讨论这些意想不到的信息,从而使调查更加全面和深入。

### (六)客观陈述式访谈

客观陈述式访谈又称非引导式访谈,是一种让受访者客观地表达对自己和周围环境的理解,即鼓励被采访者客观地描述自己的信仰、价值观、行为和生活环境等。这种访谈通常用于了解个人、组织和群体的客观事实以及受访者的主观态度。

在这类访谈中,访谈者主要起到倾听的作用。访谈一般以中性的简单问题开始,访谈者的提问几乎完全依赖于尽可能不带有任何偏向的中立的简单插问,以避免主观因素影响受访对象,从而使受访者自由表达其最深层次的主观想法,表达无意识的或自己都不愿承认的深层感受。访谈结束后,采访者会对这些数据进行处理和分析,并得出结论。

用户共情访谈正是基于非结构化访谈建立起来的工具。非结构化访谈的理念能够帮助设计师在设计思维框架中建立共情,也是同理心的重要来源。我们需要的更多是倾听和做笔记,保持中立态度,避免引导用户,以免扭曲他们对事物的本来看法。有效的用户共情访谈的关键是开放的谈话,要学会避免用系列的问题来操控整个过程。在这一过程中要始终牢记自己永远不能代替用户,我们需要跳出自己的主观想象,深入到实际的用户环境中。用户共情访谈的目标是揭示尽可能多的洞察力,而不是确认或否定一个先入之见。国外某设计学院提供了一些非常好的培养用户共情访谈的技巧:①不断地问"为什么"(即使你认为你已经知道答案);②提出非二元性的问题;③鼓励讲故事,注意非语言暗示;④在进行用户共情访谈时,一定要亲自参与并保持高度专注;⑤不要因为记笔记而分心,我们可以通过语音记录,或者找人帮你记笔记的方法让自己全身心投入访谈中。

**二、工具二:观察法**

根据字面意义,观察是"密切观看或监视某物或某人的行动或过程"。在研究用户的过程中,观察是指每个用户的行动、步骤、工作环境、用户行为、动机等。与访谈不同,观察是一个无声的过程。通过观察设计师可以发现一些具有洞察力的信息,这些信息是无法从用户的主动告知中获取的。

观察法的研究目标是获得个人、群体或设置等特征的描述。由于我们无法操纵或预测被观察的对象或行为,该类研究方法是非实验性的,因此我们不能通过这种方法得出因果结论。在观察研究中收集的数据从本质上来讲通常是定性的,但也有可能是定量的或者定量、定性相间的。

观察法的两个重点:在自然环境下进行的纯粹观察,以及对问题的识别。越来越多的人开始走进市场、商店、游乐场、餐厅或街道等场所,花一些时间观察人们的行为。通过踏入现实世界去观察某一类行为、事件和活动,做笔记记录,分析观察点的方式,能帮助设计师发现许多设计问题,如汽车站问题、公共交通问题、市场停车问题等。

观察法是一种探索性的方法,它有助于我们了解用户。诸如他们的工作或生活环境如何,他们如何与产品或服务进行交互以及如何使用产品等问题都能在观察中找到答案。观察过程中,我们应尽量降低存在感,减少用户的不适,让他们可以在放松的情况下进行各种行为。有调查显示,观察环境越接近现实,观察到的行为就越接近真实。在观察期间,设计师要注意记录突出问题和不寻常之处。

下面介绍几种观察的类别:

**(一)从观察者的角色来看,分为参与式观察法和非参与观察法两类**

1.参与式观察法。参与式观察最早由国外某教授提出,指的是在一个小组的活动中,观察者不仅仅是站在局外的参与者,他/她亲自参与并融入群体,并以旁观者的身份开展观察,参与并分享这些活动。举个例子,当我们研究少数民族的生活环境状况时,我们必须在该地区生活数日并观察当地人的生活和习俗等。参与式观察法以观察为主,观察者要尽量减少干预、少提问。在涉及群体实际行为的项目中,参与性观察是更加适用的一种研究方式和实践工具。

在参与式观察中,观察者是他们所研究的群体行为或情境的积极参与者。在此类观察中,收集数据的方式可以包括访谈(通常是非结构化的)、基于对用户观察和互动的笔记、文档、照片和其他资料。参与式观察的基本原理是,可能有一些重要的信息,只有群体或情境中的积极参与者才能获得或理解。当然,参与者需要隐藏自己作为研究者的真实身份,将自己作为被观察者中的一员。

参与式观察法的优点:①观察者能更好地理解观察对象的感受和偏见;②参与群体的生活能让观察者深入了解群体的某些行为;③近距离的接触能培养观察者和被观察者之间的良好关系;④提高信息的准确性。

参与式观察法的不足:①观察者可能会对观察对象产生情感连接,导致研究存在客观性的偏差;②观察需要大量的时间成本,短时间内无法洞察某种现象;③每次观察的覆盖区域较小,无法大面积实施。

2.非参与式观察法。非参与式观察法是指观察人们在自然环境下的行为。因此,非参与式观察是一种实地研究(相对于实验室研究而言)。某生物学家关于黑猩猩的著名研究是非参与式观察的经典例子。她花了三十多年时间在东非的自然环境中观察黑猩猩,她通过在野外观察黑猩猩,对其社会结构、生活模式、性别角色、家庭结构以及对后代的照顾等方面进行了研究。

非参与式的观察对象包括自然环境下的人,例如杂货店里的购物者、学校操场上的孩子或病房里的精神病患者等等。从事非参与式观察的研究人员应该尽可能不引人注目,这样参与者就不会意识到他们正在被研究。这种方法因此也被称为"伪装的非参与式观察法"。从伦理上讲,如果参与者保持匿名,由于是在人们通常对于隐私预期较低的公众场合产生的行为,所以这种方法是可以接受的。例如,杂货店的购物者将物品放入购物车的公共行为,是很容易被商店员工和其他购物者观察到的。由于这个原因,大多数研究人员认为在研究中观察他们是合乎伦理的。另一方面,在一些人们隐私期待值较高的环境中,例如公共厕所或更衣室,研究人员可以进行无伪装的非参与式观察,即告知参与者研究人员的存在并观察他们的行为。但这种情况下会出现反应性问题。反应性指的是由于测量,影响或改变了参与者的行为。当人们知道他们正在被观察和研究时,他们可能会采取与正常情况不同的行为。

在这类观察中,研究者不需要参与观察对象的群体活动,只需要在群体之外作为旁观和记录者对其进行观察和记录。

参与式观察和非参与式观察的区别在于,前者是指观察者融入一个群体并成为群体的一部分,后者是指观察者较少或根本没有融入其团体、成员或活动当中。观察者只是从远处完成观察,相对而言缺乏积极性。

非参与式观察法的优点:①观察者本人不依附于群体,能够保持较好的客观性;②观察者情感参与较少,可以提高观察的准确性;③由于无须分神参与被观察群体的活动,观察者能收集到更完整的信息。

非参与式观察法的缺点:①不能完全了解群体的行为;②无法从整体的角度理解群体;③无法对群体现象产生深刻的洞察。

**(二)从所用工具和手段来看,分为结构化和非结构化观察两种**

1.结构化观察法。结构化观察法是指对一种现象有计划的观察,遵循特定的模式、规则和设计,目的是解决"观察什么""如何和何时进行观察"之类的问题,并以标准化的方式详细记录信息。

在结构化的观察中,研究者不是处在自然环境中,而是在实验室里。研究者仔细观察在特定的环境(如教室)中的一个或多个行为,这些环境是他们以某种方式构建的,例如通过引入一些参与者将要参与的特定任务,或通过引入一个特定的社会环境或操作。结构化观察与自然主义观察和参与式观察非常相似,因为在这些情况下,研究人员都是在观察自然环境下发生的行为。然而,结构化观察的重点是收集定量而不是定性的数据,使用这种方法的研究人员只对一系列有限的行为感兴趣。这使得他们能够量化所观察到的行为。换句话说,结构化观察不如非结构化观察和参与式观察那么全面,因为从事结构化观察的研究者只对少数具体行为感兴趣。因此,研究者记录的不是发生的所有事情,而是他们感兴趣的特定行为。

结构化观察法是依照预先计划的观察。在结构化观察中,观察者和被观察者或对象都是在结构化范围内的,对于系统数据采集的准确性和精确度方面都进行了严格的设置。因此,通过这些事先计划和设定,可以提高行为的准确性、减少偏差、确保可靠性和标准化。

在结构化观察中,需要提前做好以下前期工作:①制订观察计划和观察时间表;②准备记录设备(如照相机、地图、电影、录像机、录音机等);③组建观察小组;④准备社会矩阵量表。

通过以下案例可以帮助大家理解结构化观察法。研究人员运用结构化观察法来研究不同国家"生活节奏"的差异。他们通过观察大城市里的行人走60英尺(约18米)需要多长时间来得出结论。他们发现,一些国家的人比其他国家的人走得更快。例如,加拿大和瑞典人平均用时不到13秒,而巴西和罗马尼亚人平均用时接近17秒。当结构化观察在复杂甚至混乱的现实环境中发生时,观察将在何时、何地、何种条件下进行,以及究竟观察谁,这些问题都是需要慎重考虑和预先计划的。他们的抽样过程详情如下:

研究人员在每个城市的两个主要城区至少测量了男性和女性走完18米的步行速度。他们选择在晴朗夏季的工作时间进行测量。所有的观察地点都是平坦、畅通无阻、宽阔的人行道,能让行人以可能的最快速度移动。为了控制社交因素对行走速度的影响,研究人员只选择观察独行的人。儿童、有明显身体残疾的个体,以及在闲庭散步(比如逛街)的人也被排除在外。最后,一共有35名男性和35名女性被纳入观察对象中。以这种方式对采样过程进行精确的规范,使观察者可以更好地收集数据,并能控制一些重要的外部变量(例如天气变量)。团队通过选择晴朗的夏天,控制了天气对人们走路速度的影响。在他们的研究中,测量方法相对简单。他们只是沿着城市的人行道测量出60英尺的距离,然后用秒表记录参与者走过这段距离的时间。基于观察结果,他们发现在节奏较快、效率较高的城市,人们的主观幸福感更强。

另一个例子是,研究人员研究投球手在面对球和同伴时的反应。但他们应该观察哪些"反应"呢？根据之前的研究和他们自己的测试排练,他们创建了一个反应列表,包括"闭口微笑""开放微笑""大笑""面无表情""向下看""移开视线"和"遮住脸"(用手)。观察者将这一列表记下,然后通过投球手的录像进行观察练习。然后在实际的研究中,观察人员对着录音机说话,描述他们所观察到的各项反应。这项研究最有趣的结果之一是,当投球手面对球时,他们很少微笑。当他们转向他们的同伴时,他们会做出更丰富的表情,例如微笑。这表明微笑不仅仅是一种快乐的表达,也是一种社会交流的形式。

2.非结构化观察法。非结构化观察法是指在非受控的自然环境中进行、没有提前计划且不受外部或外部控制的影响的观察。非结构化观察与结构化观察正好相反。非结构化观察的关键是自由获取各种信息,在与日常事件和社会文化问题有关的项目中通常使用该类观察法。

**(三)从观察的目的来看,分为一般观察和科学观察两种观察方法**

1.一般观察法。一般观察法指人们对日常事件的一般性观察,它也叫外行人的观察。人们每天看到很多东西,但他们不是基于某一种研究目的而进行的观察,这种观察没有客观性和目的性。例如,一个人看到孩子们在花园里玩耍就是一般的观察。

2.科学观察法。科学观察法是以某些科学规律和深思熟虑的思考为基础的观察。观察者必须有观察对象和目的。观察者在观察过程中要有适当的计划性、客观性和假设性。科学观察比一般观察更可靠、更规范。

总的来说,在同理心设计中常用到的观察是具有一定目的性和计划性的观察,其目的在于了解产品、环境以及环境对产品的影响,从而发现隐藏的用户需求,并确定开发产品的关键问题。

在实际观察过程中,为了能让观察更有效率和意义,我们需要花时间做好观察的前期准备工作。这一步对于短期、高度集中的应用项目和长期研究工作（如民族志）而言都同样重要。作为短期的项目，缺乏良好的计划会带来无法获得所需数据的风险。在长期的研究中，缺乏计划可能意味着观察者需要花费几天或几周的时间建立基本的关系，或者获得一些基础的信息和见解，这样的时间安排会使最重要的深入分析步骤无法充分实施。更糟糕的是，观察者可能会发现自己在一遍遍重复同样的工作，这一过程不仅耗费人力、物力、时间，还导致工作无法完成。

下面将针对前期的准备工作进行详细介绍：

（1）自我介绍：除了提出关于知情同意、保密和相关事项等问题外，观察者需要向被观察对象介绍自己以及项目概要，以便让他们理解你的研究。

首先，观察者需要向参与项目的全体成员介绍你在整个观察过程中的定位，这样做的目的是让研究更顺利进行。如果所有参与者都知道你是为了某种研究而进行的观察，那么就从一定程度上避免了道德问题，当然与他们建立融洽的关系依然需要更长的时间。

（2）确定数据收集的方式：在数据收集阶段，我们需要通过一个更有计划和系统的方法来实现。为了最大限度地收集数据，我们需要提前考虑采用哪种参与的类型。图5-5是一些常见的参与性观察活动，它们沿两轴网格排列，其中横轴为观察者的参与程度，纵轴为研究者角色的暴露或隐藏程度。

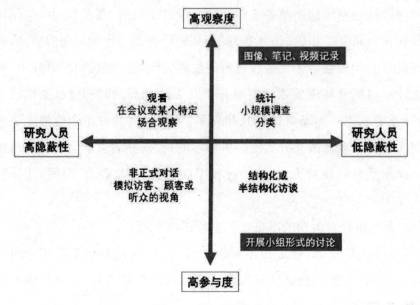

**高观察度**

图像、笔记、视频记录

观看
在会议或某个特定
场合观察

统计
小规模调查
分类

**研究人员
高隐蔽性**

**研究人员
低隐蔽性**

非正式对话
模拟访客、顾客或
听众的视角

结构化或
半结构化访谈

开展小组形式的讨论

**高参与度**

图5-5 参与式观察法

根据自己在观察过程中的定位,我们可以采用不同类型的数据收集方式,有些情况下还需要知识、技能或身体素质。例如,作者在创作《纸狮子》期间,必须作为一名培训生参加国家橄榄球联盟的训练营,这种参与式观察对于体力有较高的要求。除了身体和精神上的准备,还需考虑可能出现的道德问题。

做好以上的准备后,我们还需要明确以下内容:①设定任务目标(确保观察结果与项目的最终用户和产品相符合);②确定被观察对象(确认被观察对象能代表该产品潜在用户);③确定记录观察结果的方式(视频、照片、笔记);④提前进入观察地点,在开始观察之前最好进行小范围测试,看是否有遗漏的部分。

做好所有的前期准备后,进入正式的观察。具体步骤如下:

(1)第一步:记录个人的行为、事件和活动。

首先要明白我们观察什么。在一般的观察中,你可能会观察各式各样的事情和行为。下表5-2将一般观察中的事项分为几个类别。

表5-2　一般观察事项

| 类别 | 内容 | 基于现象思考的问题 |
|------|------|----------------|
| 外形 | 着装、年龄、性别、身体状况、外貌 | 任何可能表明研究兴趣的群体或亚群体成员身份的信息(如职业、社会地位、社会经济阶层) |
| 言语、行为和互动 | 谁和谁说话,多长时间,谁发起互动,说的语言或方言,语调 | 性别、年龄、种族、职业 |
| 物理行为和动作 | 人们做什么,谁做什么,谁与谁互动,谁不参与互动 | 人们如何通过使用肢体语言和声音来交流不同的情感?<br>人们的行为如何表明其交流方式、社会地位或职业? |
| 个人空间 | 人与人之间的身体距离 | 人们对个人空间的偏好暗示了他们的关系 |
| 人员流动 | 有多少人进入和离开,并在观察地点停留 | 人们从哪里进出,待了多久?他们是谁(种族、年龄、性别)?<br>他们是独自一人还是有人陪伴? |
| 脱颖而出的人 | 定位那些受到他人关注的人 | 总结他们区别于其他人的特征;人们是否会向他们询问意见;他们是否是自来熟的人。<br>这些人可能是后期访谈的合适对象。 |

　　上表显示了一般观察法所需了解的信息。参与式观察法与一般观察法不同,它具有一定的灵活性,我们可以选择使用结构化或非结构化的方式来进行。结构化的程度取决于你的研究目标,对于广泛的、探索性的、早期阶段的研究可以采用非结构化的方式;对于有重点应用的研究则需要采用结构化的方式,旨在提供额外的深度、新的视角,或者确认一些已知的话题。下表5-3列出了参与观察过程中收集的一些最常见的数据类型,以及每种数据类型的优缺点。

表5-3　参与式观察法的数据收集类型

| 数据类型 | 描述 | 优缺点 |
|---------|------|-------|
| 观察笔记/视频 | 在参与观察、记笔记和记录的基础上研究人员在观察期间看到、听到或感觉到的书面/转录/数字记录 | 优点:能完整记录整个流程,不/很少存在数据偏差<br>缺点:在某些场合很难捕捉,分析起来耗时,受制于研究人员在记录或记录内容方面的偏好 |

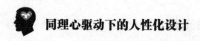

续表

| 数据类型 | 描述 | 优缺点 |
|---|---|---|
| 随意的谈话/非正式的访谈 | 真实对话的笔记或录音 | 优点:通俗易懂,能展现背景、环境以及事件的来龙去脉<br>缺点:记录的内容可能与研究目标无关,需要进行筛选,有些内容具有高度特殊性,难以进行分析 |
| 半结构化或结构化的访谈 | 对研究目标相关的数据进行的访谈 | 优点:能直接提供与研究目标相关的数据<br>缺点:需要从中筛选与主题无关的数据 |
| 特定观察的数据记录 | 对某种行为的频率/强度/来源的记录,通常通过特定的模板和方式进行记录 | 优点:能够提供用于定义行为规范或进行事件、时间、个人之间比较的数据<br>缺点:需要专门的数据采集仪器,并能够准确记录现场环境中与主题相关的行为 |
| 流程数据 | 对一般过程的视觉或口头记录,通常以流程图或分布图的形式显示出来 | 优点:帮助理解事件的流程(工作流程、制造过程、决策过程)<br>缺点:数据难以采集,容易遗漏特殊场景的数据 |
| 列表和分类 | 对数据进行项目列表、分类整理 | 优点:提供列表内容和文化意义的信息<br>缺点:收集过程很繁琐,很难从中发现重要信息 |

以下详细描述五种常见的数据收集工具,它们可以帮助参与式观察者进行观察数据的收集。

(1)工具1:用于讨论的研究主题或要观察的事物类型的一般列表。

下面是针对女性服装购买行为的相关研究,研究对象是频繁购买服装的女性。观察者通过参与购物行为,对被观察对象进行提问和观察。

在此过程中需要注意以下问题:①是什么触发了购物行为?购物者想要满足什么需求;②用户逛了哪些商店;③在每家商店都发生了什么(捕捉活动、持续时间、频率、情感价值、与销售人员和其他购物者的互动);④用户与商品有什么互动(查看货架上的商品、试穿、比较价格、购买);⑤购物行为的结果是什么,需求是否都得到了满足,情感价值是什么。

(2)工具2:填写空白模板。下表5-4为研究小组对某一社区进行的快速社会文化评估模板。

表5-4　针对某一社区的快速社会文化评估模板

| |
|---|
| 时间：<br>地理信息：<br>　省份：<br>　地区：<br>　街道： |
| 人口统计学信息<br>居住人口数量：<br>民族构成：<br>房屋数量：<br>平均家庭成员数量： |
| 基础设施和服务<br>平均受教育程度：<br>居民健康状况：<br>管理街道办：<br>主要交通方式：<br>其他服务及基础设施：<br>与其他村庄共享的基础设施和服务(学校、水井、诊所等)： |
| 景观信息<br>地形总体描述：<br>通往社区的交通情况：<br>与其他村庄的连接(道路、河道、通道等)：<br>前往最近超市所需时间：<br>前往最近诊所所需时间：<br>前往最近城市的时间： |
| 经济状况统计<br>商店数量：<br>最近的商场：<br>居民主要收入来源：<br>工业：<br>主要种植的农作物： |
| 备注信息： |

（3）工具3：总结关键点信息。观察者需要从众多的笔记/录音/文本中总结出关键点，通过简要的几条来记录整个流程中重要的因素。下面的例子来自一系列关于潜在职业技术学校学生对学校参观时的参与式观察。

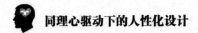

表5-5　关键信息总结表

| 参观日期： | XX年XX月XX日 |
| --- | --- |
| 参观地点： | XX职业技术学校 |
| 对哪个专业有意向： | 口腔工艺技术 |
| 是否试听课程： | 是 |
| 是否与教师互动： | 是 |
| 是否了解学费信息： | 是 |
| 是否对入学有兴趣： | 不确定 |
| 家长/监护人是否参与： | 否 |
| 后续是否联系： | 是的,计划和招生就业处联系 |
| 备注:学生对本次参观印象深刻,对学校现有的专业很感兴趣,比较担心学费,不明了将来的就业情况。 | |

### 三、工具三:同理心地图

同理心地图是用户数据的可视化方式,能帮助设计师更好地了解用户的需求,并做出合理的设计决策。

同理心地图通常分为四类:说、想、做和感觉,这种结构允许我们以非线性的方式更仔细地查看用户的身份。由于我们对事物的感觉或思考方式不一定都是理性的,使用这种方法能获取更接近事实的数据。前面反复提到,我们通过观察行动来进行数据收集。我们可以为每一个用户描绘同理心地图,用于补充用户访谈时的信息缺口。同理心地图的优势是它以一种快速且易于理解的方式传达关于用户的复杂信息。该方法因操作时间较短,占用资源较少而被广泛使用。

同理心地图不仅可以帮助设计师了解用户、定义用户角色,还可以让团队其他成员分享相关用户的信息。正如国外某集团所定义的那样,同理心地图是一种协作的可视化工具,用来表达我们对特定类型用户的了解。它将有关用户的知识外部化,以便对用户需求建立共同的理解,有助于做决策。

如图5-6所示,从同理心地图的四个不同的象限来分析用户。

图5-6 同理心地图

说了什么:用户所说的话。

做了什么:着眼于用户采取的具体行为,例如:刷新页面,点击按钮,在购买前比较不同的参数选项等动作。

想了什么:用户可能在想什么,但可能不想明确地透露出来。例如:"要是浏览这个网站,会不会显得我很傻?"

感受如何:考虑用户在某些时刻所经历的情绪。例如:感觉受挫(在页面上找不到他们要找的东西,从而备感受挫)。

**(一)完成同理心地图步骤如下:**

(1)第一步:填写同理心地图。

把这四个象限画在纸上或白板上,回顾你的笔记、图片、音频和视频,从你的设计项目出发,填写每一个象限,同时进行定义和分析。

用户说了什么? 写下用户说过的重要的话和关键词。

用户做了什么? 用文字描述你注意到的动作和行为,或插入照片或图画。

用户是怎么想的? 这里需要挖掘更深层的想法。用户可能在想什么,他们的动机是什么,他们的目标是什么,他们的需求是什么。

用户感觉如何?这里需要考虑用户可能会有什么样的情绪,注意一些微妙的暗示,比如肢体语言、用词和语调。

(2)第二步:综合需求。

根据同理心地图综合用户的需求,这将帮助我们定义设计方案。用户需求可以引导设计师最终的解决方案,直接从获取的用户信息中识别他们的需求,或者根据两种特征之间的矛盾来确定需求,比如用户说的和做的之间的矛盾。

在综合阶段,我们需要利用美国心理学家亚伯拉罕·马斯洛的需求层次理论来理解和定义用户有哪些潜在的需求。马斯洛在1943年的论文《人类动机的理论》中提出了人类需求金字塔,如图5-7所示。该金字塔自下而上分别是五个层次的需求,分别是生理需求、安全需求、爱与归属感的需求、尊重的需求和自我实现的需求。马斯洛认为,人类必须首先满足自己最基本的生理需求,如饮食和睡眠,然后才能满足更高层次的需求,如安全、爱、尊重和最终的自我实现。在个人强烈渴望或将动机集中在更高层次的需求上之前,必须满足最基本层次的需求。不同层次的动机在人类思维的任何时候都可能发生,但马斯洛着重于识别基本的和最强的动机类型,以及它们能被满足的顺序。当较低层次的需求得不到实现时,技术上是有可能在较高层次上实现的,但这种实现是不稳定的。例如,如果你只是想填饱肚子,从职业地位中获得的任何满足感最终也会被饥饿压倒。因此我们试图满足较高需求之前,会自然地寻求低层次的满足。

参考马斯洛金字塔中的五种需求层次,我们可以定义用户最关注的需求在哪个层次,然后才能思考产品或服务如何能帮助用户满足这些需求。

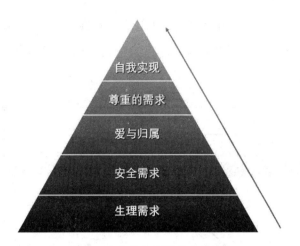

图5-7　马斯洛的人类需求金字塔

（3）第三步：综合观点。

在这一步中，洞察力起到了决定性的作用，它帮助我们解决当前所面临的设计挑战。

通过对主要观点的综合分析，特别是从用户两个属性之间的矛盾中或者当你注意到反常、紧张或令人惊讶的行为时，通过问自己一些问题，例如"为什么"来挖掘行为背后的理由。

### 四、工具四：用户旅程图

用户旅程图是将一个人为了完成某个目标而经历的过程进行可视化的一种工具。

用户旅程图的基础是由时间线上的一系列用户行为构成的，通过添加用户的想法和情感使地图变得更加丰满，进而形成叙事。然后将叙事内容浓缩，形成最终的可视化构图。旅程图也是跨越每个用户接触点的同理心地图。它向我们展示了用户在与我们产品的各个方面进行交互时可能产生的感觉和想法。这帮助我们预测用户的行为，从而引发相应的设计灵感。当你与用户产生共鸣时，应该关注用户说了什么、想了什么、做了什么和感受到了什么。

如图5-8用户旅程图模板所示，大多数用户旅程图的格式都很类似,地图的顶部包括用户角色、特定情景及期望和目标;中部是不同时期对用户行为、想法和情感等过程的记录;底部是洞察,包括见解和分析等内容。

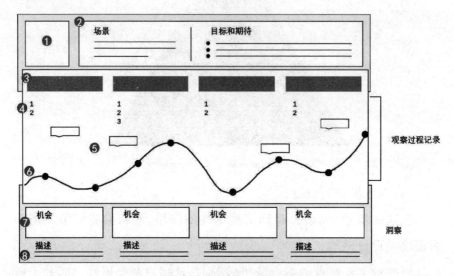

图5-8 用户旅程图模板

虽然有人认为"客户"一词对用户旅程图这一方法会产生不利影响,因为对于某些企业对企业、电子商务模式产品来说,并不是所有的终端用户都是严格意义上的客户,例如:产品买家。但是,毋庸置疑的是,用户旅程图在同理心设计中显得非常重要。

用户旅程图有各式各样的形状和大小,但无论它们的外观如何,每个用户旅程图都包括以下五个关键要素。

(1)角色。角色指用户旅程图的使用者或用户画像,与用户旅程图息息相关,用户的行为深深植根于数据当中。角色为用户旅程图提供了一种视角,进而有利于构建一种清晰的叙述。例如:一个大学可能会选择学生或教师作为角色,但因角色的视角不同,所以会产生两种旅程路线。因而,如果一个大学想要全面地了解两种角色,应当为两种角色构建相应的用户旅程图。

(2)情景+期望。情景描述了用户旅程图应解决的问题,这与角色使用地图的目标、需求以及特定的期望有关。比如:用户想要换一个更划算的手机套餐,那他的期望就是可以很便捷地找到所有运营商的套餐信息。对于现有产品和服务,情景可以是一种真实情况的描述。此外,情景也可以是一种预期的情况,用于尚处于设计阶段的产品。用户旅程图最适用于带有一系列事件的场景(例如:购物或者旅行),它描述了一段时间内的过渡过程,涉及多种媒介渠道。

(3)旅程的阶段。旅程的阶段指用户旅程图中包含的不同的高级阶段,为企业提供了用户旅程图中包含的其他信息。旅程的阶段依情景而异,因而企业通常会使用数据来帮助其确定阶段内容。在电子商务的情景下,如购买电子扬声器时,旅程的阶段可以是发现产品、试用、购买、使用以及寻求技术支持。在交易大型或豪华产品时,旅程的阶段则是试驾和购买汽车。旅程的阶段可以包括产品参与、产品教育、产品研究、产品评估和购买理由。在B2B情景下,如推出企业内部工具,旅程的阶段可以包括购买、采用、保留、扩展和倡导。

(4)行为、想法和情感。角色的行为、想法和情感是贯穿于用户旅程图的始终的,在用户旅程图的每个阶段都被单独标注了出来。行为是用户采取的实际行为和用户使用的步骤。这并不是指对独立的交互行为中产生事件的分步记录,而是指使用者在某一阶段中产生行为的一种叙述。想法对应的是用户在用户旅程图不同阶段内的想法、问题、动机以及信息需求。在理想情况下,这些想法来自用户研究中的用户记录。情感贯穿于用户旅程图的各个阶段,通常用单线表示出来,代表用户体验过程中情绪的起伏,这种情感分层可以告诉我们用户对产品的喜好及不满。

(5)收获。是指从用户旅程图中收获的见解,为优化用户体验提供的方法。收获可以帮助产品团队从用户旅程图中获取信息:我们需要做些什么?谁有什么样的变化?最大的机遇在哪里?我们应该如何衡量已经实施的改进措施?

## 五、工具五：故事板

同理心地图的另一个扩展工具是故事板。故事板通常是一系列漫画般的图像，帮助我们预测和扩展用户对产品的体验。图5-9描述了用户在与应用程序或网站进行交互时所经历的事情，这是一种图像化的方式，是一种更快、更容易理解用户的方法。此外，我们能够看到用户在真实的情况下的想法和行为，这让我们能够产生同理心，与用户感同身受。它有助于增强团队对用户基础的理解，并相应地调整他们的设计决策。

创建故事板在同理心设计中的作用在于：①有效地分享想法。②提供与他人分享和解释想法的视觉辅助工具。我们都有过这样的经历，当我们试图解释一些事情时，对方却不能很好地理解你的想法。有了故事板，我们可以将各种想法可视化，让其他人更容易理解。③节省时间。虽然把故事板放在一起可能会花费一段时间，但从长远来看，它会为以后的设计修改节省时间。这不仅能帮助你向团队快速解释你的想法，还能让设计过程更加顺畅。

## 六、工具六：沉浸法

真正的发现不在于发现新大陆，而在于用新的眼光发现已有事物的闪光点。人类学家观察和记录了人们如何与产品、服务和体验（真实的人类行为）互动。他们发展了发现被忽视的事物的能力，以及其他人因为过早停止观察而未能理解的东西。同理心设计工具将应用民族志（观察、访谈和与真实用户的对话）作为一种探索性而非评估性的方法。应用人种学比"人们说了什么"的单一视角揭示了更多信息，提供了更深刻的见解，因为人们经常说他们做了一件事，但实际上的行为却背道而驰。

沉浸于用户的生活中是深刻理解设计对象的方法，也是同理心设计中最为独特的有力工具。在灵感形成阶段倾听、理解用户或研究对象的生活、想法是至关重要的，获得这种理解的最佳途径是在他们工作和生活的地方进行面对面交谈。一旦你进入该环境,就会通过很多方法去观察你所设计的对象。例如花一天的时间跟随他们,让他们告诉你他们是如何做决定的,观察他们做饭、社交、看医生等等,将自己沉浸在任何与项目有关的用户情境中。

完成沉浸法有四个步骤。

第一步:当你创建一个项目计划时,预算足够的时间和金钱,让团队成员进入观察对象的生活环境,花时间与你的设计对象相处。

第二步:尽可能多地观察。准确地记录你的所见所闻是至关重要的。完整记录具体的细节以及你的感受,为后期的数据整理打基础。

第三步:成为一个人的影子。跟随用户对象,问问他们的生活,他们如何做决定,观察他们的社交、工作和休息是如何进行的。如果你的时间很短,可以通过跟随用户几个小时,密切关注对方所处的环境也能达到目的。

第四步:对收集到的数据进行整理,在设计方案产生之前让自己沉浸在用户的数据中。

1.沉浸法实例——某国社区关系改善计划

国外某大学的一名助教在某市推动了一个沉浸式学分计划项目。这些学生的任务是与社区成员一起设计个性化解决方案,为期八周,启动资金为20美元。其任务是将一个全球参与的研究机构和一个某学术实践交流项目的创新者指南的课程结合起来。通过举办十个讲习班和六个活动,包括反思会议和辩论,帮助学生识别和建立有意义的社区关系,从而激发灵感、产生想法和实施设计。

沉浸法是让设计师和用户生活在一起,设计师通过这种方式可以进行适应、采纳和创新。沉浸法对于改变心态至关重要。如果没有充分的投入则这个过程是无效的。例如,为了充分理解单身母亲面临的挑战,我们需要和她生活在一起,共同生活、烹饪、做家务、照顾孩子等等,这样才能了解她的时间花在哪里,她的钱花在哪里,以及怎样才能通过设计让她的日常生活更轻松。

2.沉浸法实例——针对智能厨房产品的调查。

作为现代家庭生活中一个重要的活动场所,厨房的主要作用是为人们提供一个准备食物并烹饪的场所。厨房为家庭提供每日的餐食,对家庭的身心健康有着很大的影响,因此厨房的设计需要考虑人的因素。几千年前,古人刚学会使用火,他们通过钻木取火来简单烹饪食物,对他们而言,有火的地方就是厨房。后来,人们学会了造土炉,大铁锅占据了厨房的大部分。厨房是一个具备基本烹饪功能和存放柴火的空间,柴火堆在灶台一侧,炒菜时烧柴火的烟雾和油烟弥漫在厨房内。随着煤气灶的出现,厨房的形态又发生了转变,灶台占地面积变小,但烟囱却被摈弃了。人们不得不再次面对油烟问题,排风机作为最初的解决方案出现了。作为现代厨房的标志产品,传统油烟机的出现不仅大大解决了当时的油烟问题,它也意味着现代厨房的重大变革。与此同时,各种厨房家电的配置、人们对厨房装修的认知等等,都在发生着日新月异的变化。现代厨房的一般括炉灶、流动台和食品储存装置等设备。随着科技的不断进步和消费者需求的提高,智能厨房已经成为大势所趋。有的企业专注于智能产品的功能研发,有的企业做平台和产品的互联。总之,他们运用各种方式将厨房朝着智能化的发展方向推进。智能厨房产品设计的需求也在不断增加,但作为设计师除了关注促进厨房产品更新迭代的科学技术,更需要从人性化的角度考虑,厨房产品不仅要满足智能化的烹饪需求,还要满足用户情感的需要。

在关于中国智能厨房的案例研究报告中,厨房烹饪操作复杂、需要更多的人工干预导致目前厨房的智能化过程仍处于初级阶段,50.2%的新智能厨房用户认为厨房的智能化程度还有很大的提升空间。在《智能化厨房系统设计》中,智能化趋势已经越来越明显,人工智能已经进入人们生活的各个领域,人们更加注重健康和营养,对餐饮提出了更高的要求。同时社会的飞速发展使人们的工作变得越来越繁忙,人们逐渐开始需要一种与现代科学技术密切相关、高效便捷的新型厨房。在《交互设计在智能厨房设计中的应用研究》中,当前智能厨房的设计和市场都处于初级阶段,厨房设计还远不能达到智能化的目标。真正的智能厨房产品是能及时感知用户的操作习惯,并及时给出合理的反馈,从而给人们带来更好的用户体验。智能的目的是带来更简单便捷的舒适生活。

基于以上的原因,设计团队利用沉浸法,针对智能厨房产品的改善和研发做了详尽的调研工作,得出了智能厨房产品研发新方向。

本案例中使用的沉浸法分为两个步骤进行,首先是通过沁入式共情观察和非结构化访谈对用户进行数据收集;然后利用数据的情境沉浸将自己沉浸于用户的实际环境中,从而产生新的洞见。

(1)共情观察。共情观察是将用户作为设计师研究和观察的对象,深入用户的生活,设计师通过对用户使用厨房时的点滴行为进行细致观察,获取用户使用产品的信息和数据。如图5-10所示,在研究过程中,设计师需要亲自研究用户居住的环境,观察用户与产品的关系、用户与产品的交互情况、用户的生活产品与厨房产品的关系,并考虑厨房产品与整体厨房系统的连接关系,找出用户需求的痛点。虽然真正感受用户的体验和想法非常重要,但作为设计师,我们必须保持客观、理性和中立的态度,在观察过程中不应该带有过多的倾向性,以免过多的个人情感干扰客观性,影响正确的设计理念的形成。

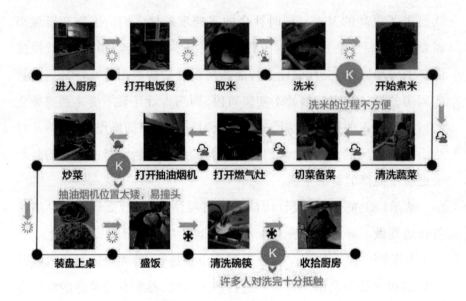

进入厨房 → 打开电饭煲 → 取米 → 洗米 → **K** 开始煮米

洗米的过程不方便

炒菜 ← **K** 打开抽油烟机 ← 打开燃气灶 ← 切菜备菜 ← 清洗蔬菜

抽油烟机位置太矮，易撞头

装盘上桌 → 盛饭 → 清洗碗筷 → **K** 收拾厨房

许多人对洗完十分抵触

图5-9　共情观察流程图

在使用厨房的整个过程中，设计师发现用户有三点不满意的地方。首先是大米的洗涤问题。大多数人习惯于洗大米，但事实上，大米不需要洗很多次。其次，是油烟机的位置问题，在使用过程中，常常撞到用户的头部。最后一点也是最让用户头疼的是饭后洗碗，这将在下面进行详细的调查。

通过对用户饭后洗碗动作的观察，显示了如表5-6所示的8大痛点。

表5-6　用户洗碗动作的观察结果

| 访谈<br>基本情况 | 1.访谈对象基本信息<br>姓名:张某<br>年龄:28<br>职业:教师<br>婚姻状况:单身<br>住房情况:自住商品房<br>兴趣爱好:烹饪<br>2.访谈时间:2021年3月15日<br>3.访谈目的:了解用户使用厨房产品时的情感反馈 |
| --- | --- |

续表

| 访谈内容 | 描述 | 问题 | 期待 |
| --- | --- | --- | --- |
| 关于厨房使用频率 | 一日三餐均在家自己制作,每日都会下厨,用厨频率十分高。 | 用厨频率高,因此厨房卫生是十分令她烦恼的问题,有时工作较忙或者压力较大时会出现碗碟堆积的情况。 | 易清洗的厨房产品 |
| 关于时间分配 | 平时工作朝八晚六,工作时间较为固定,休息期间经常会花大量的时间钻研美食。 | 工作时间固定,休息时间充裕,因此张小姐喜欢在厨房里做各种美食,并且经常在朋友圈分享美食。 | 美观且功能丰富 |
| 关于生活状态 | 生活状态良好,但是工作压力大,因此,美食是张小姐自我治愈的一种方式。 | 由于工作和生活的压力,美食是张小姐舒缓压力最好的方式,在张小姐眼中,喜爱的地方除了卧室就是厨房。 | 具有情感功能 |
| 关于用厨体验 | 爱下厨钻研美食,但是不喜欢洗碗和收拾厨房。喜欢各种新颖智能的厨房产品。 | 洗碗和收拾厨房是每个爱美食的人的克星,张小姐同样如此。张小姐一直在寻找一款可以满足她个人需求的洗碗机,以彻底解放她的厨房。 | 更有效的厨房清洁产品 |

　　用户调研的结果显示,对于现在的上班族而言,每天做饭的时间更少了。如果他们不得不每天自己做饭,他们就会相应地牺牲一些休息时间。对于那些愿意自己做饭的人来说,完成打扫厨房和洗碗等任务可能会有压力,导致脏碗筷不断堆积。在观察中发现,用户存在洗碗困难的问题。通过用户洗碗的记录,我们可以发现几点问题。首先,由于中餐的烹饪结构,多采用火炒菜和油炒菜,所以洗碗的难度很大。目前,市场上的洗涤剂几乎都是对人体有害的化学试剂,不宜使用过多,而我们日常家庭使用的清洁布也容易滋生细菌,各种问题表明用户对洗碗机的需求比较突出。近年来,洗碗机在年轻人中越来越受欢迎。他们都喜欢享受食物的过程,但不喜欢收尾工作。设计团队对用户痛点的紧要程度进行排序,将产品研究的重点集中到洗碗类清洁产品上。如表5-7所示,根据对市面上已有的洗碗机产品的分析,将洗碗类清洁产品归为以下三种类别:

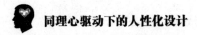 

表5-7　洗碗类清洁产品的类别分析

| 产品类别 | 优点 | 缺点 |
|---|---|---|
| 独立式/台式洗碗机 | 灵活,不需要提前规划空间,最为经济。 | 占用厨房空间大,如果厨房空间不够大就放不下。 |
| 嵌入式洗碗机 | 容量大,一般都是8套餐具以上,直接嵌入橱柜中,保证厨房外观的整洁敞亮。 | 由于需要安装在橱柜中,所以需要在装修前预留出相应的橱柜尺寸和上下水,还要做柜门和踢脚线;除了安装,嵌入式还有一个缺点,就是放置和取餐具时都要弯腰,可能不适合腰不好的人使用。 |
| 水槽式洗碗机 | 中国的厨房比较拥挤,而水槽式洗碗机是最不占地方的,且兼具了洗菜、洗水果的功能,能洗掉果蔬上的农药残留,比手洗效果好很多倍。 | 是三种安装方式里性价比最低的,比台式洗碗机能贵2倍以上;空间少,一般只能洗4套左右餐具,想洗锅是不可能的。 |

（2）情境沉浸。虽然使用上述观察方法可以获得准确的用户观察数据,但大多数情况下,由于各种原因,不是全部的研究人员都会参与到调研过程中去。为了顺利进行研究,设计师必须完整记录研究对象使用产品的数据和整个过程,然后根据用户反馈的数据建立场景模型,向整个设计相关成员传达调研数据,通过情境映射的方式沉浸在用户环境中,对用户行为进行内化、映射和独立反思,从而获得新的灵感。在本案例中,设计小组通过焦点小组讨论法,对用户的需求进行讨论,并将所有的需求简化后采用亲和图法进行整合分类,区分出重要度的层级。这些低成本的方法能够对收集到的厨房产品使用行为数据和用户数据进行优化,使设计小组能快速进入目标用户的情境中,形成用户需求的洞察。

（3）设计改善提案

基于以上的调查,有关智能厨房产品细化为智能洗碗产品,通过采用小组头脑风暴的方法对上述前期数据进行总结,对用户需求的数据和解决方案进行一系列的讨论和拓展,最终得出用户的五大基本需求和设计思路。

①安全要求

作为国内市场上新兴的智能产品,用户对其安全性能的要求很高,不仅是产品本身的安全性,还包括对洗碗机清洗后餐具的清洁度。洗碗机应与水、电完全隔离,并智能切断电源,以防止电力泄漏等安全问题。

②健康需求

用户购买洗碗机最关心的就是产品是否满足用户的卫生清洁要求,是否达到用户心中的清洁标准。除此之外,对产品的杀菌除菌效果和化学清洁剂的残留情况也是影响购买的重要因素。通过设计一个洗碗机迷你程序,向用户反馈产品的灭菌方法和清洁度,用户可以直观地查看洗碗机当前的进度和清洁情况。

③效率需求

购买洗碗机的用户多为80和90后,并且用户年龄逐渐趋于年轻化。在快节奏的社会中,年轻人喜欢洗碗机的理由多半是洗碗机能为用户每日节省至少半个小时的洗碗时间,将人们从厨房中解放出来,给人们额外时间来享受生活。其次,可以根据餐具的使用频率,设置不同的清洗方式,例如:可以对筷子进行一日一次的统一清洗,餐具较少时采用节能模式,减少水电的耗费。

④情感需求

人们会购买洗碗机,除了产品本身的功能吸引外,更重要的是情感因素,洗碗机将烹饪变成了一种享受生活的方式,人们不用担心堆满油污,吃着食物,简单地享受食物和生活,这对用户来说是一个很大的吸引力。随着社会的快速发展和生活节奏的加快,人们的私人时间越来越少,闲暇时间不断被各种琐事挤压,只剩下日常生活中的工作和生存。当不需要洗碗时,他们每天至少可以节省半个小时的时间享受生活和食物,这大大提高了人们的幸福感。与此同时,年轻家庭不再争论谁应该每天洗碗和筷子,这极大地促进了家庭和谐,增强了用户的生活舒适感。

⑤经验需求

通过调查和观察发现,受试者烹饪时身体通常采用放松的站立姿势。对于被调研对象来说,长时间保持这种姿势不会产生太多不适,因此他们不会感到身体负担和心理不满。但在整个厨房使用过程中,使用者感到生理不适和心理冲突的唯一环节就是洗碗。由于水槽的下降部分与灶台齐平,并且低于人们站立时的最自然位置,因此大多数用户在洗碗时都必须向前倾斜并稍微弯曲。由于我们的饮食习惯,日常使用的碗筷上经常会有很多油渍,不容易清洗,需要用长时间清理才能达到预期效果。如果长时间保持此姿势,使用者通常会感到不舒服,然后产生抗拒心理。洗碗机的设计应具有适当的高度和伸缩框架,避免用户弯腰洗碗,从而提高用户的体验感。其次,系统智能化、操作简单化和功能多样化都能提高使用者在使用产品的过程中的良好体验。

沉浸法的主要方式是设身处地在真实用户的环境中进行沉浸,与用户建立紧密的纽带。但如果条件受到限制,无法直接进入用户的生活中,则可以采用模拟用户情境的方式帮助设计师感同身受地理解用户的实际困难。例如在一个关于老年偏瘫患者的辅助产品设计项目中,设计师以团队的形式,将工作室模拟成老人家中的状态,并通过沙袋、布条、木棍、毛巾等工具,模拟半身无法行动、视力模糊的身体状态。

3.模拟法实例:针对老年偏瘫患者的生活模拟

以一个关于老年偏瘫患者的辅助产品设计项目为例,设计师以团队的形式,将工作室模拟成老人家中的状态,并通过沙袋、布条、木棍、毛巾等工具,模拟半身无法行动、视力模糊的身体状态。

该项目主要以残障老人为研究对象,尤其是还有一定的行动能力的瘫痪老人,意在为他们设计一款兼顾护理和日常使用的产品,以改善他们的生活质量。确定了用户后,设计团队将模拟偏瘫老人在日常生活中的行为作为主要调研方法。调研内容主要基于残障老年人日常自理能力的六个指标,即:饮食、上下床、洗澡、上厕所、穿衣、走路。

团队成员采用角色扮演的方法,结合头脑风暴来分析瘫痪老人的行为,以进一步挖掘他们的真实需求,为后期设计实践提供依据和支持。

(1)前期准备。在进行模拟的前期准备中,团队首先在网上进行了充分的资料查找。例如搜集与偏瘫老人的日常生活相关的文献资料并进行分析,通过前期资料分析发现,大部分偏瘫老人的生活需要看护,通过对照基础性日常生活活动量表,此类老人被归类为中度失能,造成现状的主要原因大部分都是意外,老人普遍存在自尊心较强、极度渴望能够生活自理的心理,因此面对子女或者护工的护理,大多持有一定的抗拒心理。因此,这一类老人更加渴望能够有一些辅助器具辅助其日常生活以及康复活动。

通过网络资料发现,在部分养老院、康复医院等医疗机构有扮演老人的小实验,除此之外,在一些地方还开设有专门穿上衰老装体验老人生活的体验中心。该设计团队采用生活中一些常见的物品作为道具,模拟瘫痪老人的身体状况。例如将健身沙袋绑在腿脚上,模拟行走困难的状况;或者将木板绑到四肢关节处,限制关节的弯曲,用于模拟单侧身体无法动弹的状态;用纱布蒙到眼镜上模糊视力,模拟老花眼或白内障;戴上厚重的手套以弱化手部触觉,模拟老年人感觉退化的特征。

(2)制订计划。充分了解资料之后,制订了如表5-8所示的详细计划,包括调研时间、主题、人员、地点、模拟场景、道具和记录工具。

表5-8 模拟调研计划安排表

| 时间 | 2022年1月5日 |
| --- | --- |
| 主题 | 模拟偏瘫老人的日常生活 |
| 人员 | 设计组成员 |
| 人员安排 | ①任X、段X模拟日常生活<br>②索X模拟娱乐<br>③张X和郭X模拟出行<br>④马X和辛X负责记录 |

| 地点 | 某室内空间和室外广场 | |
|---|---|---|
| 模拟情景 | ① 日常生活 | 起床 |
| | | 穿衣 |
| | | 吃饭、吃药 |
| | | 上厕所 |
| | | 沐浴 |
| | ② 娱乐 | 看电视 |
| | | 看手机 |
| | | 社交 |
| | ③ 出行 | 散步 |
| | | 上下楼梯 |
| 道具 | ①四肢使用 | 鞋带、毛巾、健身沙袋、木板、长棍、厚手套 |
| | ②头部使用 | 纱布、胶带、眼镜 |
| | ③其他道具 | 沙发、板凳、坐垫、拐杖、手机、碗、筷子、饭勺 |
| 记录工具 | 手机、相机 | |

（3）实验过程。

①向小组成员叙述实验安排，让所有的成员都知晓本次实验的全部细节。

② 完成老年人身体状态模拟。团队成员将沙袋套在双腿上，将木板绑到左胳膊和左腿上模拟偏瘫状态，戴手套模拟手指不灵活，把纱布蒙到眼镜上模拟眼睛老花。

③基于偏瘫老人一天的日常生活进行扮演，演员由组员轮流担当，护工照顾老人的起居生活，在调研过程中进行详细的记载，尤其是问题点，如表5-9所示。

表5-9　模拟过程

| 情景 | 模拟的详情 | 遇到的困难 | 需求分析 |
|---|---|---|---|
| 起床 | 以沙发作为床,单手撑床让身体坐直 | 1.起身困难<br>2.穿衣需辅助,尤其拉链衣物和穿鞋<br>3.站立困难<br>4.整个起床过程离不开护工 | 1.床边需要一个拉杆或者撑杆帮助起身<br>2.避免拉链的衣物<br>3.需要辅助穿袜、穿鞋、穿衣的器具,且器具易单手操作 |
| 吃饭与吃药 | 坐到座位上,使用筷子和勺子 | 1.握筷子操作困难<br>2.药盒开盖困难<br>3.碗底的食物用勺子无法吃完<br>4.坐下与起身困难 | 1.筷子的设计不宜太滑且餐具易拿取<br>2.药盒应适于单手操作,避免旋钮开盖式<br>3.座椅只需要一个扶手,另一边空开好让腿进去 |
| 散步以及上下楼梯 | 护工搀扶出门,扶墙走路,使用拐杖走路 | 1.拐杖辅助不足以满足行走<br>2.走路很难看到地上的小绊脚石<br>3.下楼梯费力且需辅助,很艰难<br>4.护工的压力大 | 1.辅助出行器具使用电力或他人帮忙<br>2.室内配备一定的康复器具 |
| 娱乐 | 戴着手套以及、纱布蒙住眼镜模拟手指不灵活以及老花 | 1.看不清屏幕<br>2.单手操作困难<br>3.戴老花镜看手机与其他行为交换时,摘戴老花镜冲突 | 1.产品的指示文字、图像应适当放大<br>2.按钮触感需要更明显<br>3.产品应易于单手操作<br>4.产品应兼具娱乐和康复的双重功能 |
| 沐浴与如厕 | 模拟站着脱衣以及坐下脱衣,洗浴过程,模拟坐便 | 1.拉链困难<br>2.经实验比较,站立脱衣比坐着脱衣方便,从站立到坐下较不易,且容易摔倒<br>3.使用卫生纸卷纸不方便<br>4.便秘时弓腰腿脚不舒服<br>5.沐浴时抓取花洒、毛巾等不方便 | 1.浴室环境应加装抓握杆、防滑垫<br>2.沐浴时应当有沐浴时间监测以及摔倒报警等设备,防止老人摔倒后无人管,或是睡着后无人管导致窒息<br>3.墙面装配抽纸<br>4.沐浴需要的生活用品应更贴近老人的活动范围 |
| 滑倒 | 在沐浴过程中滑倒 | 1.摔倒之后起身困难<br>2.需辅助起身<br>3.摔倒容易二次受伤 | 1.摔倒报警<br>2.设定洗澡时间,如果老人没有完毕,就报警提醒他人<br>3.洗澡间需要有辅助起立的设备 |

　　4.实验结束后,小组进行头脑风暴,小组成员每人提出自己的问题与见解,并贴到黑板上分类,具体内容见表5-10。

表5-10　问题点分类

| 涉及范围 | 涉及部位 | 痛点分析 |
|---|---|---|
| 生理 | 手部(单手) | 吃饭:<br>1.吃饭(药)困难,取水困难,无法打开/关上瓶盖;<br>2.光滑的东西不易握,筷子太圆不好拿;<br>3.食物夹取困难,喝汤用吸管。<br>上下床:<br>1.起身需要单手将自己拽起来;<br>2.下床需要一只手把瘫的那边挪过来。<br>洗澡:<br>1.单手洗脸洗头费力;<br>2.搓不到后背;<br>3.穿脱衣物需站立,洗澡需坐下。<br>上厕所:<br>1.单手穿脱衣服较困难,需要辅助。<br>穿衣:<br>1.穿脱鞋、袜子;<br>2.拉拉链;<br>3.冬天衣服繁琐。 |
| | 感觉器官 | 1.视力退化,视线模糊,看不清障碍物;<br>2.产品的字太小;产品操作步骤太复杂;<br>3.地面杂物影响行走,尤其是裸露的电线;<br>4.听力下降,在浴室洗澡基本听不到外面的声音。 |
| | 下肢 | 1.起床、起身、行走需要借力;<br>2.弯腰困难;站久了容易腿麻,伤膝盖;<br>3.上下楼梯不便,需要借助工具。 |
| 心理 | 感受 | 1.需要社交<br>2.自尊心强,不愿被他人用特殊的目光看待<br>3.情绪容易低落 |

（4）实验结果与分析

基于以上分析,团队对提出的问题进行分类总结后,可知以下问题:

① 半身不遂老人的辅助需求更大,因为偏瘫的半边身体没有意识,不受控制,所以在活动的时候健康的一侧身体的负担会比较大,通常需要使用健康的半侧身体辅助才能完成各项活动。此外,某些方面很难照顾,比如在吃饭、脱衣服、洗浴护理等。

② 在沐浴时遇到问题占多数。尤其是半身不遂老人自尊心很强,在卫生间洗浴时不愿意他人帮助和关心,但独自操作又容易出现诸多

困难,如浴室太滑,无法携带物品等。尤其在模拟过程中,出现了沐浴换衣服时摔倒在地的紧急状况,老人难以体面地自救。

综上所述,无论从身体活动层面还是心理层面,团队认为偏瘫老年人在洗澡时遇到的问题点更多,因此团队决定将未来设计的方向转移到针对老年人的洗浴产品上,通过一种沐浴辅助产品来帮助他们完成沐浴的行为。

(5)成员感想

团队成员真切地感受到了作为老人在生活各个方面的种种不便,在整个过程中对老人的各种古怪行为有了深入的了解。通过戴沙袋的方式让腿变得沉重,行走变得缓慢而费力,他人的眼光导致内心的焦虑,在被帮助的过程中,不安和尴尬被不断放大,尤其在摔倒时,对身体无法控制的挫败感和身边无人救助的无助感,都让成员对残疾人的身心有了更全面的了解。

(6)设计实践

① 针对老年人洗浴产品特征的分析。

根据模拟实验结果和文献资料分析发现,针对偏瘫的老年人洗浴产品的设计中,更重要的是考虑洗浴的便利性、易操作性和把握隐私度。从心理因素上来讲,沐浴属于极其私人的行为。如果操作不当,会导致老人尴尬和紧张。通过对偏瘫老年人的沐浴行为和沐浴方式的综合分析,结合沐浴空间和人机尺寸,得出偏瘫老年人的真实需求,为沐浴产品的设计和实践提供了指导。

② 针对老人洗浴过程的分析。

首先,偏瘫老人身体功能下降、四肢肌力劳损,不能完全独立完成洗浴的全过程,一定程度上需要求助护理人员。

其次,护理偏瘫老人洗澡有一定难度,且十分耗时,长期偏瘫不仅使老人肢体僵硬、变形、收缩,而且皮肤褶皱处和关节成为滋养细菌的温床。因此在洗浴时,需要保证护工能够方便地为老人进行清洗,完成

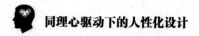 

对手臂、手腕、手肘、皮肤褶皱处等部位的深度清洁。

再次,在沐浴方式的选择上,偏瘫老人可以选择坐浴,护理人员坐在浴椅上帮助洗浴。

最后,还要考虑到一般家庭或养老机构的室内浴室空间较小,大多数老年人只能选择方便且快捷的淋浴方式。现在偏瘫老人家中的浴室一般配备有内浴椅,由护理人员徒手或通过轮椅将偏瘫老人转移到浴椅或浴缸进行沐浴。截瘫老年人比正常老年人更敏感,特别是在沐浴护理过程中,老年人会感到尴尬、羞愧、紧张,或出现不积极配合的情况,增加护理难度,且老年人沐浴体验变差会降低老年人的生活质量。因此,老年人都希望洗澡可以有效率地完成,以避免身体和心理上的不适。

③ 问题点总结。

基于以上分析,以偏瘫老人使用沐浴椅沐浴为例,对在沐浴过程中遇到的问题进行阐述和总结分析,如表5-11所示。偏瘫老人在沐浴过程中遇到的问题以及需求分析如下。

表5-11　偏瘫老人在沐浴过程中遇到的问题以及需求分析

| 行为 | 能否自理 | 遇到的问题 | 需求分析 |
|---|---|---|---|
| 脱衣服 | 需要护理人员辅助 | 1.单手无法完成<br>2.天气寒冷衣物过多,脱衣不便<br>3.天气寒冷脱完衣服不能马上送去浴室容易感染风寒 | 1.辅助脱衣<br>2.快速转移至浴室 |
| 转移到沐浴椅上 | 需要护理人员辅助 | 1.久坐关节老化<br>2.转移过程中轮椅无法进入浴室<br>3.进入浴室由轮椅转移到沐浴椅上比较麻烦,尤其是需要站立起来容易摔倒<br>4.沐浴椅不够舒适,坐面较硬,不耐滑<br>5.老人心理上的尴尬、反感 | 1.沐浴椅坐面使用柔软防滑材质,舒适防滑<br>2.通过沐浴椅完成由卧室到浴室的转移<br>3.座椅辅助站立<br>4.踏板防滑<br>5.摔倒警报、心率监测等保障洗浴过程中的安全 |
| 调节水温 | 可自理 | 1.淋浴时方向错误,引起不适<br>2.无法恒温 | 1.喷头恒温系统<br>2.喷头方向自动转移 |

续表

| 行为 | 能否自理 | 遇到的问题 | 需求分析 |
|---|---|---|---|
| 拿取东西 | 可自理 | 1.喷头够不到<br>2.毛巾 | 1.喷头、毛巾等物品放置于手边 |
| 清洗背部 | 需要护理人员辅助 | 1.老人转身困难<br>2.有无法清洗的地方 | 1.辅助搓背按摩<br>2.背部有喷水装置 |
| 清理私处 | 可自理 | 1.隐私感<br>2.臀部无法清洗到<br>3.独自脱去衣物很困难<br>4.羞愧、尴尬 | 1.辅助站立<br>2.座椅辅助转身 |
| 洗头 | 需要护理人员辅助 | 1.单手操作困难 | |
| 穿衣服 | 需要护理人员辅助 | 1.在浴室穿衣容易滑倒<br>2.将老人抱出浴室护理人员容易滑倒<br>3.转移过程中老人容易感染风寒 | 快速转移 |

　　根据以上对偏瘫老人洗澡过程中的问题和需求的分析,团队又发现偏瘫老人的转移也是一个问题点,也是最需要帮助的环节。一般的转移过程是将老人从床上转移到轮椅上,然后将轮椅推到浴室,将老人从浴室转移到洗浴椅上,再进行洗浴。这一过程费时费力,增加了护理人员的工作强度,也增加了老年人洗澡的恐惧感;另外,在寒冷的天气中,老年人脱衣服不能及时进入卫生间会导致感染风寒,加重老年人疾病,可能会发生一些并发症。因此,有效减少偏瘫老年人的转移时间,即对偏瘫老年人进行快速转移,不仅可以防止病情的加重,还可以降低护理人员的难度,还可以增加偏瘫老年人的洗澡体验感。设计一款既能够快速转移偏瘫老年人,且能够有效率帮助他们洗澡的产品是设计的重点。

　　④基于以上的问题,团队通过人机工程学分析、头脑风暴讨论、草图绘制和建模的过程进行设计方案的整理。

　　人机工程学分析发现了老年人人体尺寸的具体数值,中国老年人的人体尺寸是设计产品的基本依据。偏瘫老人在转移过程中,床、椅

子都是必须接触的,那么轮椅则需要合理的尺寸。目前我国没有标准的老年人人体尺寸,可以根据成年人人体尺寸进行推算,建立老年尺度模型。

医学研究资料显示,我国老年男性在60—80岁期间身高较年轻时平均下降1.9%,老年女性在60—80岁期间平均身高较年轻时至少下降4%,最大可以达到6%。因此在推算过程中,可以考虑使用平均值。利用老年后身高降低率推算在高度方向的老年人部分尺寸.

目前市场上的浴缸尺寸在1500—1900mm之间,而标准尺寸为1700×700×475mm的浅浴缸最适合普通中国人的平均身高,但对于老年人来说太大且容易滑倒,因此尺寸需要调整。此外,深且窄的浴缸空间小,不适合老年人舒展。浴缸顶部长度宜在1100—1200mm,以防止老年人滑溺水;浴缸外缘距离地面高度不宜超过450mm,便于老年人进出。考虑偏瘫老人坐浴的情况,浴缸内的腔壁应该有适当的倾角,并设有扶手,方便老人变换躺卧姿势时使用。

基于以上的分析,团队的产品定位如下:

首先,对偏瘫老人洗澡过程的模拟,让设计团队发现洗浴的最大需求是起居室到浴室的双向转移,可以在浴缸中加入浴椅,这样不仅方便了老人的转移,还提高了老人的沐浴体验,让老人独立洗澡,提高老人的生活控制力,增强老人的自信心。浴缸在整体功能设置上分为浴椅和浴缸两部分。在浴缸内可以单手操作恒温喷头,方便老年人独立完成简单的沐浴;背部设置几个喷水孔,用水压按摩和冲洗老人的背部。放置毛巾等的架子。沐浴椅与浴缸可以方便地连接,通过温度传感器、压力传感器、安全报警,监控老年人在沐浴过程中的心率、血压、水温等数据,如果数据超出正常范围,会报警。

其次,在外形上选择方便浴椅与浴缸对接的方形。为了安全,整体圆角倒角,不仅可以增加老年人的舒适度,同时防止碰撞。浴缸的内部设计是流线型,适合老人的身体,两边都有防滑的安全扶手。浴椅采用适合整个浴缸的形状,在设计上座椅采用光滑的表面,贴合老人的臀部且不滑不湿,让老人更舒适,享受整个沐浴过程。

最后,在材料和颜色的选择上,采用具有良好的保温隔热和耐腐蚀性能的亚克力,浴椅椅面则选择具有较高的拉伸强度、耐磨、耐腐蚀、手感舒适等优异性能的聚氨酯材料。聚氨酯材料的高拉伸性能,可保证产品根据老年人臀部曲线设计出最适合的坐姿面;其耐磨性能保证了浴椅的质量;耐腐蚀保证了产品使用的稳定性。扶手采用防滑橡胶材料,便于老年人掌握。在色彩的选择上,我们考虑到老年人的心理需求,摒弃了市场上浴缸冰冷的感觉,选择了咖啡、香槟金、橙色和瓷白色,呈现出温暖、干净、舒适的色调。

具体设计方案:

基于偏瘫老人的扮演以及健康辅助产品的调研,根据老人移位痛点进行了设计定位,设计一款将移位椅与浴缸相结合的浴缸,方便老人洗澡的同时也减轻了护理人员的压力。

# 第六章 案例分析

## 第一节 案例分析1

案例1:育儿网站

首先我们分析的是关于儿童早期发展的人性化设计项目案例。神经科学和儿童发展理论的进步,证实了许多教育者长期以来的一个观点,即儿童是否准备好进入幼儿园阶段(以及以后的生活阶段)取决于他们在生命的前5年里与父母和照顾者的积极互动程度。这一时期大脑发育最为活跃——儿童的大脑以每秒700个突触的速度形成新的连接。但社会在儿童和家庭的早期教育上投资不足,主要还是依赖家庭的力量。对于低收入的家庭来说,父母自身由于受教育程度不高,或原生家庭的负面影响等等,使他们无法成为孩子的良好榜样,并且很多普遍的育儿建议也不能在他们的身上套用。例如,一般的儿童学家都鼓励孩子们通过大量的阅读促进他们的大脑发育,每天晚上给孩子读一小时的书对于某些家长而言是无法达到的目标。因此,某家庭基金会和某知名公司通过同理心设计的方法开发出更适合低收入家庭的育儿方法,从而激发了不同人群积极参与到儿童的早期教育中。

首先,团队针对项目提出了以下问题:①有没有一种方法可以直接有效地将现代脑科学的研究成果传达给父母,对他们的行为产生积极的影响,从而激励他们与婴幼儿进行各种形式的积极互动？②是否有一种更适合低收入家庭的科学育儿方法？

该团队首先进行了一个高度沉浸式的调查。他们访问了加州、国外某地低收入社区,与家长们进行访谈,并对现有状况进行观察,从而创建改善儿童发展的项目。该团队了解到,许多父母都曾经历非常艰难的成长环境。这些父母没有充分准备好与他们的孩子互动,因为在他们的童年时期,自己的父母从未与他们互动过。在他们的研究中,该团队注意到,有些护士每周去一些有孩子的家庭待上几个小时,只是为了在父母面前陪孩子们玩耍。他们发现,模仿和玩耍能够影响孩子们在行为上的改变,并改善亲子关系。随后,对儿童发展专家和儿科医生的采访结果印证了以上的发现。一名儿科医生直截了当地指出,父母与孩子玩耍和交谈并对他们做出反应,甚至比孩子进行阅读更利于大脑的发育。脑科学家也发现阅读不是目的,而是一种促进脑部发育的手段。

当实地研究完成后,该团队综合研究结果,并结合访谈的方式,寻找改善方案。设计团队决定用育儿网站的形式推广促进儿童脑部发育的相关知识。基于调研数据,他们为育儿网站方案制订了主题、方法和一套设计原则。他们得出了一些至今仍在指导育儿网站的核心原则,比如"用同龄人的方式说话""不对孩子加以评判"和"所有父母都有潜力成为好父母"等。

该团队设计了一系列人物角色,每个角色代表一个来自被服务社区的女性,然后邀请母亲们到办公室查看情绪板,听取样本声音,并就他们信任的角色提供育儿建议和反馈。在这个反馈阶段,研究团队发现大多数父母,尽管他们对参与到此类育儿类学术研究中持有保留的态度,但对孩子的行为和大脑发育背后的科学却充满兴趣。在家长们与一位神经学家的交流中,科学家解释了大脑的工作原理,家长们在访谈中都认为这对他们抚养孩子的方式产生了重大影响。

在灵感和创意阶段结束时,该团队已经建立了一个强大的、定义明确的创意描述,作为交付给广告代理公司的蓝本和开展主要活动的基础。通过在低收入社区的洗衣店等更具有生活气息的场所设置广告的形式,呼吁家长和他们的孩子一起玩耍,在日常生活中提供有效的陪伴。

为终身学习打下坚实基础的最佳时机莫过于人生的前五年。大脑发育在这个时期最迅速。前期的调研发现,对大脑健康发展最有益的,不是投入更多的时间和金钱,而是家长在日常生活中的交流陪伴(比如说话和玩耍)。在广泛采访了全国各地的家长、儿童发展专家和儿科医生之后,该团队完善了一项大规模的信息宣传活动,鼓励大家在日常生活中以多样化的方式教孩子学习。家长只需充分利用日常生活的场景与孩子接触、互动,在轻松愉快的环境中通过言语交流的方式,加强孩子大脑的发育。经过几年的改进和更多的设计工作,该基金会以设计团队的关键见解为基础,在2014年春天推出了此项计划。其中,某育儿网站提倡父母利用有效的陪伴时间,以多种不同的方式促进孩子们大脑的发育。该育儿网站认为,所有的父母都有潜力为自己的孩子创造一个光明的未来。他们与科学家、研究人员和家长一起,把科学带出实验室,为家长提供基于科学育儿的方法和工具,将日常的生活变成大脑发育的机会。该育儿网站的目标是以创造性的方式分享早期大脑发育的科学方法,这样所有的孩子都能茁壮成长。

这个项目是一个有效的同理心设计的案例,设计师抛弃偏见和以往经验,以充分和公开的心态与这些低收入的父母接触。对于设计师而言,需要首先放弃关于一个人应该如何抚养孩子的先入之见,并要求团队不带偏见地理解问题的症结所在。

这个项目最终在一个个社区中良好地开展。通过融入社区,团队与一群人建立了信任,然后通过社区家长们的口口相传积累了良好的口碑,创造了品牌声音,了解了受众所必需的临界质量。

# 第二节 案例分析2

某国酸奶项目

另一个案例是某公司在国外的酸奶工厂项目。该公司是将同理心设计与人类需求相结合的公司之一。1996年,该公司与此国小额信贷、乡村银行创始人合作,在该国建立了一家酸奶厂。这家工厂用当地的牛奶制作一种低成本的酸奶,针对当地贫困儿童饮食中所缺乏的营养元素,改善了当地十五岁以下贫困儿童的营养状况。

公司团队将同理心作为有力的工具,在前期调研时,深入当地人的生活,了解他们的生活方式、收入水平、营养需求、健康问题以及当地的经济运作特点(例如农村销售和分销结构)。基于以上的调研数据,结合本地的优势和特色,完成了酸奶的产品开发。

首先,在酸奶中添加了高剂量当地儿童缺乏的维生素a、锌、铁和碘四种维生素和矿物质。其次,公司雇佣近280名农民担任原料奶的供应商,30名居民受雇于工厂进行质量控制、维护和生产,175名当地妇女从事农村日常配送的销售,鼓励妇女工作。该公司认为该地区的主要社会目标是以当地低成本、劳动密集型发展模式为基础,雇佣当地供应商(如农民)和帮助他们提高生产效率,从而帮助当地低收入、营养不良、贫困人口(尤其是儿童)摄取满足日常健康需求的营养,以改善他们的营养状况、减少贫困和降低当地的贫困人口比例。

公司的所有员工都为公司对其他人生活的积极影响感到自豪,他们在公司的办公室里悬挂村民的照片,公司与其产品用户的共情——它关注了用户的实际需求,并通过用户为其产品开发找到一种目的感和方向感,从而激发了创新。因为此项目,工厂开发出创造性解决方案(如使用酶使未冷藏的牛奶保鲜更长时间,从而适应当地的运输条件),在其他市场获得了巨大的潜力。

该项目确定了主题——帮助解决该国儿童营养不良的问题(说明原因)。在当地建立工厂并获得政府的相关支持保证其运作是实现这一目标的方法(如何实现)。项目目标实现后,员工普遍因此受到积极的正面影响并充满自豪感,并在文化上改变了该公司(实现的结果)。

公司的经历说明当整个公司对其用户表达真正的同理心时,员工就会有一种清晰而有目的的感觉,他们的工作也会做得更好。作为设计师,我们发现同理心可以帮助企业以新的方式进行开发和衡量成功。根据诺贝尔奖获得者在有关设计方法论的著作书中提到的,从广义上理解,设计是将当前的情况转化为受人喜爱的情况。这也是人性化设计和同理心设计的优势。

# 第三节 案例分析3

在今天的包装设计中,对年龄的包容性常常被忽视,包装本身具有复杂性,普通的包装设计对高年龄段的人是非常具有挑战性的。

考虑到年龄因素,有几个最常见的问题容易被忽略。首先是包装本身对使用者身体灵活性的要求较高,例如需要用精细的动作或者大力度才能打开包装,而这些恰恰是老龄用户缺乏的能力。其次是文字和图形,受到字体、字号以及印刷质量的影响,有时包装中的文字和图像由于字号太小且印刷模糊导致无法辨别;阅读包装的相关说明时,有时文字太小,或者包装中有太多内容,不知哪些才是重要的,老年人不得不使用放大镜。

国外某公司基于以上的问题,设计师采用同理心设计的原则,设身处地地理解老年人因生理退化而导致的种种问题,在进行包装设计时,尽量减少不必要的文字,提供易于阅读的信息,使在打开包装方面的设计更合理,无需太大的力度即可完成;适当使用空间,并最大限度地减少用户的使用危险和负面后果。将包装表面的文字图像编辑得更简洁,并加大了包装上的字体,使之更易辨别。

这一改变使,包装在变得极简、现代,覆盖全年龄的需求之余,还更加具有辨识度了。

设计师在开口处使用了易开口设计,也是充分考虑年龄的包容性因素,消费者只需按下瓶盖上的一个按钮即可以打开密封罐子,减少了拧开瓶盖所需的力度,使得打开真空密封罐子的效率比之前的设计提高了40%。在大多数情况下,包装设计忽略了这类消费者,将目标对准了年轻人的喜好和最新趋势。该公司考虑到年龄设计背后的驱动因素,罐装食品使用用户大多数为老年人。老年人是全球人口的一大部分,他们是现代市场中最大的群体之一,所以在规划设计时考虑他们的需求是至关重要的。这一群体具有巨大的潜力,因此设计师们利用同理心设计的方法和理念,将老年人对于包装的需求充分考虑进新设计中,不仅制造商可以从这种设计中获益,也能大大提高产品的吸引力,吸引潜在的使用者,扩大销售量。

# 第四节 案例分析4

提拉式纸尿裤设计

某品牌是全球健康卫生护理领域的引领者。公司成立于1872年,在全球多个国家和地区设有生产设施。个人健康护理用品、家庭生活用纸和商用消费产品是公司三大核心业务。

为提高纸尿裤的产品销售量,公司利用同理心的设计方法,设计人员与实际客户接触,通过与用户(幼儿和家长)的共情,他们发现一岁左右的儿童喜欢穿普通内裤。因为对于幼儿来说,穿这种提拉式的内裤被视为成长的标志,该公司发现了纸尿裤的不同使用方式背后的含义,敏感地捕捉到纸尿裤不同穿脱方式背后隐藏着因孩子成长带来的标志性节点。这承载着家长对于孩子成长过程中关键时刻的期待和珍惜。因此团队将这种腰部松紧提拉式的设计应用到大龄儿童纸尿裤设计中,该产品因其情感吸引力而受到父母和幼儿的追捧。

团队通过对简单设计的改变,将纸尿裤按照年龄阶段进行了不同设计,以12个月为关键点,将12月龄以上孩子使用的纸尿裤设计成类似内裤的样式,和幼龄孩子(12个月以下)侧面撕拉式的纸尿裤区别开来,并起名为拉拉裤。这种利用松紧带在腰部固定的产品弹性较大,方便孩子自己穿脱,帮助孩子进行如厕训练,让孩子在使用的时候产生一种"自己已经不再是个婴儿,有能力独立完成某件事"的骄傲感和满足感。同时,团队还开发了系列带有贴纸海报和可以在某电子软件上玩的数字成长游戏。游戏将孩子成长的每一步看作人生的"里程碑"。当婴儿自己站起来的时候,他们就变成了一个"大孩子"并开始探索他们的人生。对孩子们来说,这也是一个新的冒险的开始,每天都有新的经历和新的里程碑。这个新的冒险有点像游戏,每一个新的关卡都有一个庆祝。在每一个代表孩子成长的关键节点都会获得游戏奖励,奖励包括学会独自站立奖、探索奖、跑步奖、独自如厕奖。公司招募了一些有影响力的家长与他们的孩子一起玩游戏,并通过电视、视频和社交渠道进行推广。

根据对一次性纸制品市场的研究,有关产品的销售基本上是通过零售完成。对于婴儿消费品这一类商品的销售,他们使用的零售渠道主要是超市、折扣店、大卖场。除此之外该公司还利用了互联网分销渠道,利用互联网向访问网络的用户展示产品。最后,提拉式纸尿裤的销售额同比增长26%,为公司带来了六年来最好的销售业绩。只是在纸尿裤设计上的小小改变,却带来了旧产品不曾企及的用户体验。公司通过与用户的共情,准确把握了用户的情感密码。

# 第五节 案例分析5

创新机场装卸货工具:带式运输机

目前窄体飞机的装卸一般采用两种方式,一种是人工操作,另一种是使用非常昂贵的设备运送,飞机和行李的高损坏率以及其他问题,对航空公司来说都是巨大的损失。根据行业调查,75%的飞机行李搬运工会在工作中受伤。现有的搬运设施存在由于恶劣天气造成的频繁设备损坏、昂贵设备维护费用、额外的匝道搬运工作、运输设备无法承载超重行李等问题,不仅需要额外的劳动力,还需花费更多时间,增加了飞机损坏和航班延误的风险。另外,由于现有设备功能不足,还会产生购买其他补充产品的额外费用。举个例子,一家航空公司为了能将某种超重物品运进飞机,不得不花大价钱单独购买相关装置,却因为无法与现有设备相匹配导致其无法发挥作用,最终只能被搁置,造成了巨大的浪费。

该产品能帮助搬运工在更短的时间内移动更多的行李,在做搬运动作时压力更小,承受更少的伤害。该产品旨在消除导致行李搬运人员受伤的主要因素,即在密闭空间移动和操作沉重的行李。它不仅帮航空公司节省了大量资金,同时使工作人员的工作更轻松、更安全。

团队在开发早期培养同理心,设身处地地站在行李搬运工、航空公司的角度思考,希望消除行李搬运人员在飞机有限的空间内操作和调整沉重行李所造成的伤害。它不仅需要足够轻,单人即可移动操作,还需要考虑到用户安全等方面,因此在开发的早期阶段,团队提出了多个需要关注的高风险问题:①重量管理,平衡了系统刚性的需要;②复杂系统在恶劣环境下的可靠性;③消除夹点等安全隐患;④保持或缩减行李装卸时间。

团队对该产品的使用方面提出以下的解决方案:

1.减轻产品重量。产品工程师开发了一个独特的铝制框架,其多功能组件提供了显著的负重强度。从细节上来看,通过对皮带和侧面传送带的磨损面进行再设计,使得系统整体重量减轻,从而斜坡辅助装置能更好地传送货物。

2.增加可靠性。通过减少使用的环境要求组件,提升产品可靠性。产品本身所有的组件都是经过特别设计的,要么是能够耐受极端气候,要么处于完全密封状态,以保证产品的耐用性。机场外部的天气和温度可能随时发生较大的变化,因此产品需要在任何条件下都能保持良好的性能,这些因素都是选择材料的重要依据。最后,团队选择了性能稳定的铝和高密度聚乙烯材料作为制造关键的系统组件。此外,该系统由电池自供电,不需要与任何其他斜坡设备连接就能工作,保证了产品的可靠性。

3.提高安全性。该产品可在密闭或狭窄空间内通过一个斜坡装置进行折叠和展开。产品的每个部分都设计了折叠辅助装置,操作人员只需通过一个把手即可完成操作。这确保了在装置展开和收起的过程中,操作者不会因为触到视觉盲区而导致不必要的伤害。另外,还在折叠和斜坡连接的部分特别设计了防护装置,防止松散的行李标签、衣服或其他物品被卡进去。

4.减少负载。通过减少电源线数量,以消除跳闸的风险,同时也减轻了在使用过程中的负载。

除了以上的考虑,设计团队还将具体使用过程分为装载货物和卸载货物两个阶段并对其进行了分析。

1.装载货物阶段:产品运行速度稳定,在货物运送时能预估准确的装载时间。产品设计应保证传送带的稳定运行,各种货物都能顺利被装载并运送。在运行过程中,产品的可折叠性可以让搬运人员在不妨碍行李移动的情况下持续地将货物装到飞机上,这样做能够大大提高搬运人员的效率。

2.卸载货物阶段:安全履带系统将货物运送到飞机下方的货舱口,省去了搬运人员用膝盖和腹部使力搬运沉重行李这一环节。在货物卸载完成后,产品每个折叠部分都有一个开关,当该部分处于平放状态时便能激活皮带开始传送,一旦感应到该部分立起来或折叠时,皮带便自动停止。折叠起来的产品能轻松放入飞机货物舱中,无须占用太大的空间,当货舱内装载很多货物的时候也能将其塞入。当飞机到达时,工作人员能迅速打开装置,开始装载下一批的货物。最终团队将该产品的目标设定为设计一种提供便携式、可消耗的输送系统的产品。它的重量必须足够轻,一个人就能负载进出类似庞巴迪Q400大小的飞机。工作人员根据舱内空间情况还能对其扩展或折叠。该产品应非常坚固耐用,使用方法简单,并能利用现有的生产设备进行生产,而不是外包制造。

通过关注这些目标,团队创造了一款不仅满足客户需求,而且满足终端用户安全和负重需求的产品。

2018年底推出了带式运输机产品。用户反应非常积极,产品需求量很大。该产品的生产无须太多昂贵的生产线,从而将生产成本降至最低。使搬运人员从人工运送沉重货物中解脱出来,也不受货物、飞机尺寸的限制。这使得机场货物搬运工作更安全、更轻松、更高效、更省钱。该设计过程以用户为中心,充分体现了同理心的重要性。图6-5从上至下分别为在飞机货舱内使用中、半折叠状态和完全折叠起来的带式运输机。

# 参考文献

[1]Andy Polaine，Lavrans Lovlie，Ben Reason. 服务设计与创新实践[M].北京：清华大学出版社，2015.

[2]Ilpo Koskinen，Tuuli Mattelmaki，Katja Batta. 移情设计：产品设计中的用户体验[M].北京：中国建筑工业出版社，2011.

[3]戴夫·帕特奈克,彼得·莫特森.谁说商业直觉是天生的[M].沈阳：万卷出版公司，2010.

[4]杰里米·里夫金.同理心文明[M].北京：中信出版社，2015.

[5]贝拉·马丁.通用设计方法[M].北京： 中央编译出版社，2013.

[6]马丁·林斯特龙 . 痛点：挖掘小数据满足用户需求[M].北京：中信出版社，2017.

[7]丹尼尔·平克.全新思维：决胜未来的6大能力[M].杭州：浙江人民出版社，2013.

[8]唐纳德·A·诺曼.设计心理学3:情感设计[M].北京：中信出版社，2012.

[9]蒂姆·布朗.设计思考改造世界[M].上海：联经出版公司，2010.

[10]王国胜.服务设计与创新[M].北京：中国建筑工业出版社，2015.

［11］王受之.世界现代设计史［M］.北京：中国青年出版社，2002.

［12］维克多·帕帕奈克.为真实的世界设计.北京：中信出版社，2012.

［13］樽本徹也.用户体验与可用性测试［M］.北京：人民邮电出版社，2015.

［14］加勒特，范晓燕.用户体验要素:以用户为中心的产品设计［M］.北京：机械工业出版社，2011.

［15］KarelVredenburg，ScottIsensee，CarolRighi.用户中心设计：集成化方法［M］.北京：高等教育出版社,2004.

［16］何晓佑，谢云峰.现代十大设计理念　人性化设计［M］.南京：江苏美术出版社，2001.

［17］罗仕鉴，朱上上.服务设计［M］.北京：机械工业出版社，2011.

［18］JonKolko，科尔科，方舟.交互设计沉思录:顶尖设计专家Jon Kolko的经验与心得［M］.北京：机械工业出版社，2012.

［19］林茵茵.《心感动：同理心设计教育崭新体验》［M］.南京：江苏美术出版社，2018.

［20］保罗·米利（Paul Mealy），李鹰.虚拟现实VR和增强现实AR从内容应用到设计［M］.北京：人民邮电出版社，2019.

［21］Holtzblatt，K.Beyer，H.Contextual Design(2nd edition)［M］.O'REILLY.2016.

［22］乔纳森·M.伍德姆，周博，等.20世纪的设计［M］.上海：上海人民出版社，2012.

［23］布朗，布坎南，迪桑沃，等.设计问题(第二辑)［M］.北京：清华大学出版社，2016.

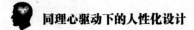
［24］Muratovski G . Research for Designers: A Guide to Methods and Practice. 2016.

［25］马素文.TODI 工具：文化脉络下针对中国慢性病老年人的同理心设计［D］博士论文，韩国东西大学，2018.

［26］马素文，张洲宁.基于同理心理论的慢性病老年人药品包装设计研究 Empathy as Tool for Studying Chronic Disease Medicine: Package Design for Chinese Elderly ［J］.한국디자인포럼.，2017(56): 185—194.